国家水体污染控制与治理科技重大专项（2012ZX07203-002-003）

潘家口水库入库及库区常见浮游植物彩色图谱

孟宪智　周绪申　许　维　孔凡青　著

天津大学出版社
TIANJIN UNIVERSITY PRESS

内容简介

潘家口—大黑汀水库作为滦河水库系统中我国第一个跨流域供水的大型水库，是引滦入津工程的起点，承担着向天津、唐山供水的重任，是重要的饮用水源地。近年来，网箱养鱼、入库及库区周边造成水库富营养化程度增高，蓝藻细胞密度增大，水体污染成为重要的生态环境问题之一。为加强该水库系统的基础水生态环境的调查研究，在国家水体污染控制与治理科技重大专项（2012ZX07203-002-003）的支持下，对入库及库区做了详细的浮游植物调查研究，拍摄了浮游植物的显微彩色照片，为将来的水环境演变分析、水源地生态修复、饮用水源地监管等方面的研究提供参考资料。

本书共分为3章。第一章为引言，主要介绍了浮游植物概况、潘家口—大黑汀水库概况；第二章为研究方法，主要介绍了采样点布设以及采样、鉴定等分析方法；第三章为研究结果，主要介绍了入库及库区主要的浮游植物的种类，共分为7门71属128种，并附每种植物的显微彩色照片及手绘示意图。

图书在版编目(CIP)数据

潘家口水库入库及库区常见浮游植物彩色图谱 / 孟宪智，周绪申，许维，孔凡青著. —天津：天津大学出版社，2021.5

ISBN 978-7-5618-6868-3

Ⅰ.①潘… Ⅱ.①孟… Ⅲ.①潘家口—浮游植物—图集 Ⅳ.①Q948.8-64

中国版本图书馆CIP数据核字(2020)第253620号

出版发行	天津大学出版社
地　　址	天津市卫津路92号天津大学内(邮编:300072)
电　　话	发行部:022-27403647
网　　址	www.tjupress.com.cn
印　　刷	廊坊市瑞德印刷有限公司
经　　销	全国各地新华书店
开　　本	185mm×260mm
印　　张	6.75
字　　数	169千
版　　次	2021年5月第1版
印　　次	2021年5月第1次
定　　价	88.00元

编　委　会

目　　录

第一章 引言

1.1 浮游植物简介

浮游植物是指具有色素或色素体能吸收光能和二氧化碳进行光合作用制造有机物,营浮游生活的微小藻类的总称,是水域的初级生产者。

浮游植物是一个生态学概念,通常浮游植物就是指浮游藻类,包括蓝藻门、红藻门、隐藻门、甲藻门、金藻门、黄藻门、硅藻门、褐藻门、裸藻门、绿藻门和轮藻门 11 个门类的浮游种类,其中红藻门和褐藻门在淡水中种类极少,轮藻门多为丛生于水底的植物。

淡水浮游植物分布于各种地表水体当中,如河流、湖泊等。它是水体的重要组成部分,也是生态系统重要的初级环节,在整个淡水生态系统中占有非常重要的地位。在天然水体中,浮游植物能够指示水质状况和水体的营养程度,可用于评价水环境质量和水体的功能。开展淡水浮游植物监测可反映水质和藻类的动态状况,也给予水生态保护和水环境监测以可靠的数据和评价依据。

浮游植物对环境的变化十分敏感,环境的改变可影响浮游植物的种类组成、结构和现存生物量等指标,因此浮游植物群落结构与密度是评价水体质量的一项重要指标,国内外不少学者把浮游植物作为指示生态环境变化的重要生物学参数。

水华,就是淡水水体中藻类大量繁殖的一种自然生态现象,是水体富营养化的一种特征,主要由于生活及工农业生产中含有大量氮、磷的废污水进入水体后,蓝藻(蓝细菌)、绿藻、硅藻等藻类成为水体中的优势种群,大量繁殖后使水体呈现蓝色或绿色的一种现象。近年来,随着社会经济的持续发展,水污染加重和富营养化程度加剧,从而导致湖泊水库经常受到水华暴发的影响,潘家口水库和大黑汀水库目前也受到蓝藻的严重威胁,蓝藻目前已为库区浮游植物的优势种群,并且密度较高,因此开展该区域浮游植物多样性的相关分析和研究迫在眉睫。

浮游植物的种类与数量及其变化情况是水体水质的重要表征指标,直接关系到水华的危害程度。浮游植物物种多样性研究是水生态研究的重要基础,但是许多研究集中在现状调查和评价方面,而疏于对物种多样性鉴定的准确性,从而影响浮游植物多样性的变化及评价。本研究开展了潘家口—大黑汀水库的浮游植物物种多样性调查,并对浮游植物显微图片进行了拍摄及整理,为该水域水生生物物种多样性鉴定提供较直观的基础资料,为今后开展相关调查和研究提供参考,也为今后更好地保护引滦水源提供科学依据。

1.2 研究区概述

潘家口—大黑汀水库作为滦河水库系统,位于河北省唐山市和承德市滦河干流上,为上下游串联修建而成,控制流域面积达 33 700 km²,上游为内蒙古高原,中游为燕山山脉,下游为冀东平原,本区冬季受蒙古高气压控制,夏季受海洋暖风调节,系中纬度大陆性气候,多年平均降雨量为 400~700 mm,有清河、瀑河、柳河等多条支流注入该水库。

潘家口水库是我国第一个跨流域供水的大型水库,总库容为 29.3 亿 m³,多年平均径流量达 24.5 亿 m³,属多年调节型水库,承担着向天津、唐山供水的重任,兼顾防洪、发电和灌溉任务。由于上游地区经济发展迅速,所产生的生活污水、工厂废水等严重影响水库的水质,另外潘家口水库周边农业非点源污染、水库内网箱养鱼以及水库周边选矿企业,也是影响水体质量的因素。潘家口水库水体由建库初期的贫营养,发展到 21 世纪初轻度富营养化到中度富营养化。

2009 年潘家口—大黑汀水库的总氮浓度值已经超过富营养化指标,总磷浓度值尚处于中至中富标准,按照氮磷比,其属于低磷、高氮的营养类型。磷为藻类生长的一个限制因子。研究也表明,只有将水库的磷含量减少到现有量的十分之一至五分之一的水平,才能保证水库藻类不超过正常的密度水平(JOSEPH D.,et al)。

为彻底消除潘家口水库网箱养鱼造成的水体污染,2016 年 11 月相关部门决定实施水库网箱养鱼集中清理行动。在此行动中,承德、唐山共清理拆解网箱 79 687 个,累计出鱼 86 463.5 t。网箱清理后,潘家口—大黑汀水库水质的感官性状明显改善,水质呈好转趋势。2017 年 1—7 月,大黑汀水库坝上总磷浓度均低于 2016 年同期值。虽然潘家口水库 2017 年总磷浓度仍高于 2016 年同期值,但从历史数据上看,潘家口水库总磷浓度均低于大黑汀水库;而 2017 年 5 月开始,大黑汀水库总磷浓度低于潘家口水库,可见网箱养鱼清理对大黑汀水库的水质改善的速度及幅度均明显高于潘家口水库。而总氮在网箱清理前后则没有明显变化。

1.3　研究区浮游植物概况

潘家口—大黑汀水库自建成后,曾于 1987—1989 年(水利部海洒水利委员会引滦工程管理局,1989)、2001—2002 年以及 2009—2011 年进行过三次浮游植物调查(分别为第Ⅰ次调查、第Ⅱ次调查和第Ⅲ次调查)。第Ⅰ次调查鉴定出 8 门 83 属浮游植物,第Ⅱ次调查鉴定出 8 门 51 属浮游植物,第Ⅲ次调查鉴定出 8 门 62 属浮游植物。第Ⅱ次调查与第Ⅰ次调查结果相比,增加了先前未记录的 14 属,减少了原有的 41 属。第Ⅲ次调查结果与第Ⅱ次调查相比,增加了 26 属,减少了 12 属。浮游植物的群落结构呈现由硅藻逐渐向硅甲藻,再向蓝绿藻演变的趋势。

近几年持续对潘家口—大黑汀水库进行的浮游植物调查和监测,共鉴定出 7 门 71 属 128 种浮游植物。浮游植物以蓝藻门、绿藻门种类居多。

第二章　研究方法

2.1　采样点布设

本研究采样点选在潘家口入库上游、潘家口水库库区、大黑汀水库库区和下池,对所选择的断面进行浮游植物样品采集,调查水域共设置 10 个采样点,如图 2.1 和表 2.1 所示。

表 2.1　潘家口—大黑汀水库系统采样断面

湖库名称	调查断面
潘家口水库入库	乌龙矶
	柳河口
潘家口水库	清河口
	瀑河口
	燕子峪
	潘家口
	潘坝上
下池	下池
大黑汀水库	汀库中
	汀坝上

其中潘家口水库入库 2 个,为乌龙矶、柳河口;潘家口水库库区 5 个,为清河口、瀑河口、燕子峪、潘家口、潘坝上;下池调水枢纽的 1 个采样点,为下池。大黑汀水库库区 2 个,为汀库中和汀坝上;采样时间选择每年 5—11 月,每月采样一次。

2.2　采样方法及样品处理

样品采集:用 25# 浮游生物网在水面以下或 0.5 m 处以 20~30 cm/s 的速度作"∞"形来回缓慢拖动约 3 min。水样采好后,将网从水中提出,待水滤去,轻轻打开集中杯的活塞,放入贴有标签的样品瓶,加少许水冲涮后,向样品瓶中加入 2~3 mL 的福尔马林保存。

　　样品处理：定量样品 1 L 的水样直接静置沉淀 24 h 后，用虹吸管小心抽掉上清液，余下 20~25 mL 沉淀物转入 30 mL 定量瓶中；为减少标本损失，再用上清液少许冲洗容器几次，冲洗液加到 30 mL 定量瓶中。

2.3　分析方法

　　浮游植物镜检以蔡司 Scope A1 显微镜进行，分类鉴定主要依据细胞结构、组织结构等形态特征，主要参照和引用 *Freshwater Algae of North America: Ecology and Classification*（John D., et al，2003）、《中国淡水藻类——系统、分类及生态》（胡鸿钧等，2006）、《水生生物监测手册》（国家环保局《水生生物监测手册》编委会，1993）、《中国淡水生物图谱》（韩茂森等，1995）等分类资料，通过检索表和藻类图谱来确定浮游植物的类别。

第三章 研究结果

本研究共发现潘家口——大黑汀水库浮游植物总共 7 门，即：蓝藻门、隐藻门、甲藻门、金藻门、硅藻门、裸藻门、绿藻门，常见种类约为 128 种。各采样点出现频率较高的种类有假鱼腥藻、针杆藻、舟形藻、衣藻、栅藻、纤维藻、小空星藻、四鞭藻等。

潘家口—大黑汀水库藻细胞密度随季节不同而变化，呈现春末和夏初较低、盛夏和初秋较高的态势。浮游植物的生长高峰出现在八九月份。在浮游植物生长的高峰时期，藻密度达到 3×10^7 个 /L。初春季节浮游植物主要有星杆藻、针杆藻、角甲藻、拟多甲藻等种类；春末夏初浮游植物主要构成类群为隐藻、星杆藻、小球藻等类属；夏秋季节优势类群为蓝藻门的假鱼腥藻和绿藻门的栅藻、盘星藻、衣藻等类属；秋冬交际时节，假鱼腥藻密度也逐渐降低，水体边缘出现大量丝藻等种类。

3.1 蓝藻门

蓝藻通常指蓝藻门（Cyanophyta）的植物，又叫蓝绿藻（Blue-green algae）、蓝细菌（Cyanobacteria），是最简单、最原始的一种原核生物，大约出现在距今 35 亿至 33 亿年前，为单细胞，无细胞核和细胞器，蓝藻门分为两纲：色球藻纲和藻殖段纲，已知蓝藻约 2 000 种，中国已有记录的约 900 种。在营养丰富的水体中，有些蓝藻常于夏季大量繁殖，并在水面形成一层蓝绿色有腥臭味的浮沫，称为"水华"。水华会引起水质恶化、城市供水中断，且藻类死后其遗体聚集腐败，严重时耗尽水中氧气而造成鱼类的死亡。蓝藻中有些种类（如铜绿微囊藻）还会产生毒素，毒素除了直接对鱼类、人畜产生毒害之外，也是肝癌的重要诱因。

本研究共发现蓝藻门植物 30 种，库区较常见的种类为假鱼腥藻、螺旋藻、柱孢藻等。

3.1.1 微囊藻属

植物团块由许多小群体联合组成，微观或目力可见；自由漂浮于水中或附生于水中其他基物上。群体呈球形、椭圆形或不规则形，有时群体上有穿孔，形成网状或窗格状团块。群体胶被无色、透明,少数种类具有颜色。细胞呈球形或椭圆形。群体中细胞数目极多,排列紧密而有规律。原生质体为浅蓝绿色、亮蓝绿色、橄榄绿色。营漂浮生活种类的细胞中常含有气囊;非漂浮的种类,细胞内原生质体大都均匀,无假空泡。通过细胞分裂进行繁殖,有三个分裂面。在本属中仅水华微囊藻(*Microcystis flos-aquae*)产生微孢子。

本属中的蓝藻有不少种类均可形成水华。

色微囊藻(图 3.1)

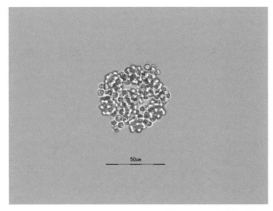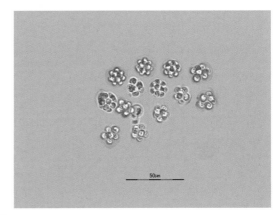

图 3.1　绿色微囊藻 *Microcystis viridis*

形态:自由漂浮。群体呈绿色或棕褐色,通常由上下两层 8 个细胞对称排列组成小型立方形亚单位,再由 4 个亚单位组成 32 个细胞的规则方形小群体单位。每个小群体单位及其亚单位都有各自的胶被,但亚单位的胶被通常与群体单位的胶被融合在一起。胶被将各亚单位以及各群体相隔开。以小群体单位为基础,通过胶被连接和组合,群体可形成大型团块,肉眼可见,不形成穿孔或树枝状。大群体中各小群体的排列时常无规律、不整齐。各小群体的间距远大于小群体内各亚单位的间距。胶被无色,易见,边界模糊,无折光,易溶解。胶被离细胞边缘远,距离 5~10 μm 以上。群体中细胞成对出现,分布不密贴,排列规则。细胞间隙较大,一般远大于其细胞直径。细胞较大,球形或近球形,直径为 4.0~6.9 μm,平均为 5.7 ± 0.62 μm。细胞原生质体为蓝绿色或棕色,有气囊。

生境:中国的许多湖泊和鱼池中都有分布,主要生活于中营养化和富营养化水体中,能形成水华,为有毒种类。

鱼害微囊藻（图 3.2）

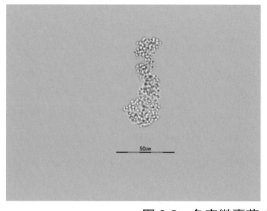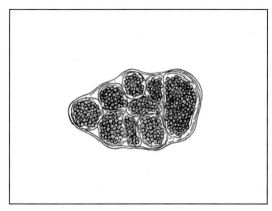

图 3.2 鱼害微囊藻 *Microcystis ichthyoblabe*

　　形态：自由漂浮。群体呈蓝绿色或棕黄色，团块较小，不定形、海绵状，可形成肉眼可见的群体。不形成叶状，但有时在少数成熟的群体中可见不明显穿孔。胶被透明易溶解，不明显，为无色或微黄绿色，无折光。胶被密贴细胞群体边缘。胶被内细胞排列不紧密，常聚集为多个小细胞群。直径为 1.7~3.6 μm，平均为 2.8 ± 0.46 μm。细胞原生质体呈蓝绿色或棕黄色，有气囊。

　　生境：各种静止的水体，也生于潮湿的土壤表面或流水的岩石上，为少见的蓝藻种之一。

边缘微囊藻（图 3.3）

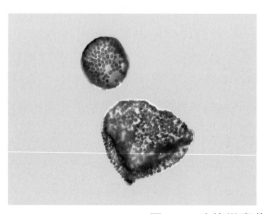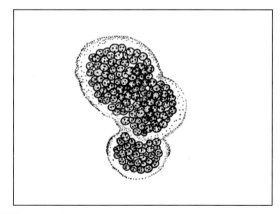

图 3.3 边缘微囊藻 *Microcystis marginata*

　　形态：植物团块为球形长椭圆形，扁平形或不规则的胶群体；群体胶被宽厚、无色、坚硬，边缘具明显的层理；细胞呈球形，直径为 3~6 μm；群体中的细胞排列紧密；原生质体呈蓝绿色，具气囊。

8

生境：多生于池塘、水库、稻田、沟渠、小积水坑等各种静止的水体中；也可生于山间潮湿和滴水的岩石上，或干燥的岩石上。

不定微囊藻（图3.4）

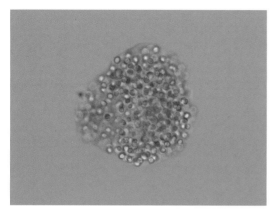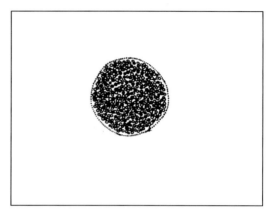

图3.4　不定微囊藻 *Microcystis incerta*

形态：植物团块为橄榄绿色的胶群体，群体呈球形或亚球形，常常集合成较大团块；群体胶被柔软、透明，质地均匀，无层理；细胞小，呈球形，直径为 1~2 μm，紧密排列在群体中央；细胞呈浅蓝绿色或亮蓝绿色；原生质体均匀，无气囊。

生境：各种静止水体。

挪氏微囊藻（图3.5）

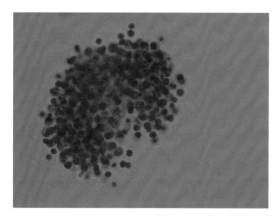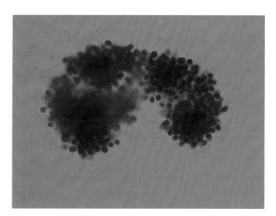

图3.5　挪氏微囊藻 *Microcystis novacekii*

形态：自由漂浮。群体呈球形或不规则球形，团块较小，直径一般为 50~300 μm。群体之间通过胶被连接，堆积成更大的球体或不规则的群体，一般为 3~5 个小群体连接成环状，但群体内不形成穿孔或树枝状。胶被无色或微黄绿色、明显但边界模糊、易溶、无折光。胶被离细胞边缘远，距离 5 μm 以上。胶被内细胞排列不十分紧密,外层细胞呈放射状排列,少数细胞散离群体。细胞呈球形,直径为 3.7~5.8 μm,平均为 4.9 μm,其大小介于水华微囊藻与铜绿微囊藻之间。细胞原生质体呈黄绿色,有气囊。

生境:淡水浮游种类,常发生在中营养型或富营养型的湖泊、池塘、水库等水体中,有时可形成或参与形成水华。在亚洲广泛分布,目前已知分布于我国北京(护城河和北海)、浙江(杭州、绍兴)、上海(滴水湖)、云南(滇池)、湖北(武昌)、内蒙古等省市以及日本、韩国、泰国等国家。

3.1.2　色球藻属

植物体少数为单细胞,多数为 2~6 个甚至更多(很少超过 64 或 128 个)细胞组成的群体。群体胶被较厚,均匀或分层,呈透明或黄褐色、红色、蓝紫色。细胞呈球形或半球形。个体细胞胶被均匀或分层。原生质体均匀或具有颗粒,呈灰色、淡蓝绿色、蓝绿色、橄榄绿色、黄色或褐色,气囊有或无。细胞有 3 个分裂面。

小型色球藻(图 3.6)

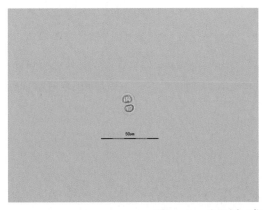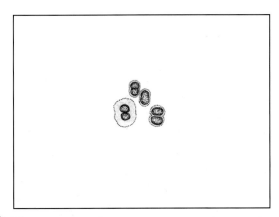

图 3.6　小型色球藻 *Chroococcus minor*

形态:由无数小群体组成的黏滑胶质,污蓝绿色;细胞很小,直径为 3~4(-7)μm,若包括胶被则可达 10~12.5 μm,通常由 2~4 个细胞组成小群体。胶被无色透明而多少溶化。原生质体均匀,呈蓝绿色或橄榄绿色。

生境:一般生长于山间滴水岩、石灰岩、温泉(43~70 ℃),也漂浮于水体中。

微小色球藻(图 3.7)

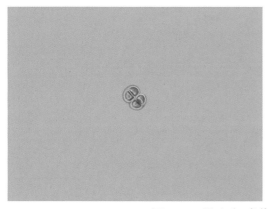

图 3.7 微小色球藻 *Chroococcus minutus*

形态:群体为由 2~4 个细胞组成的圆球形或长圆形胶质体,胶被透明无色,不分层。群体中部往往收缢。细胞呈球形或亚球形,直径为 7~10 μm,若包括胶被则可达 7~15 μm;原生质体均匀或具少数颗粒体。

生境:生长于静止的或流动的各种水体,如池塘、湖泊、高山的寒泉、温泉(25.6~34.5℃)及盐泽地区,成为浮游藻;又能生长在滴水岩石以及瀑布溅水处。亚气生类型也有发现,但不成优势种。

3.1.3 束球藻属

群体呈球形或不规则形,常由小群体组成,有时具有不明显的、水合性的胶被,自由漂浮;中央具辐射状的胶柄系统,有时在群体中部与群体胶被融合,柄宽度常比细胞窄,细胞位于柄的末端,具窄的个体胶被,细胞呈长形、倒卵形或棒状,细胞分裂后平行排列,形成特征性的心形形态。单个细胞或常两个细胞彼此分离约一定距离的心形联合;有时彼此略呈辐射状排列。细胞在群体表面为互相垂直的两个面连续分裂。以群体解聚进行繁殖。

束球藻(图 3.8)

形态:植物体为球形、卵形、椭圆形的微小群体。群体胶被薄,透明无色,均匀,不分层。群体细胞 2 个或者 4 个为一组,每个细胞均由一条较牢固的胶柄相连,每组细胞柄又相互连接,胶柄多次相连至群体中心;组成一个由中心出发的放射状的几次双叉分枝的胶柄系统。细胞呈卵形或梨形,偶尔为球形,内含物均匀,或具微小颗粒,无伪空胞,淡灰色至鲜绿蓝色。

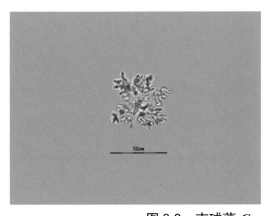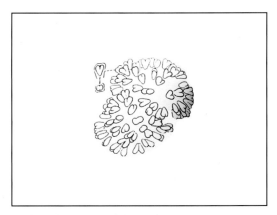

图 3.8　束球藻 *Gomphosphaeria semen-vitis*

3.1.4　平裂藻属

群体小,由一层细胞组成平板状。群体胶被无色、透明、柔软。群体中细胞排列整齐,通常两个细胞为一对,两对为一组,四个小组为一群,许多小群集合成大群体,群体中的细胞数目不定,小群体细胞多为 32~64 个,大群体细胞多可达数百个以至数千个。细胞呈浅蓝绿色或亮绿色,少数为玫瑰红色至紫蓝色。原生质体均匀。细胞有两个相互垂直的分裂面。群体以细胞分裂和群体断裂的方式繁殖。本属多为浮游性藻类,零散分布于水中,不形成优势种。

本属的种类虽微小,但在各种淡水水体中都有发现。

细小平裂藻（图 3.9）

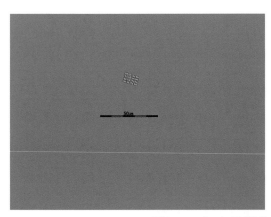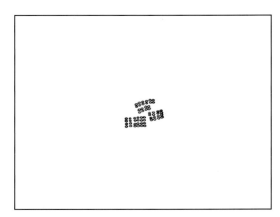

图 3.9　细小平裂藻 *Merismopedia minima*

形态:群体由 4 个以上细胞组成;细胞小,互相密贴,呈球形或半球形,直径为 0.8~1.2 μm,高 1.5~1.8 μm,原生质体均匀,呈蓝绿色。

生境:生于湖泊及各种静止水体中,为浮游藻类,数量少;在潮湿和水流经过的岩石上也有生存。

微小平裂藻(图3.10)

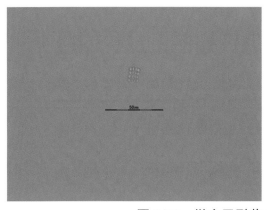 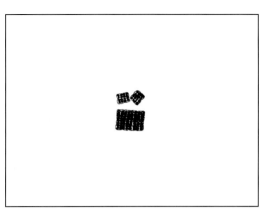

图3.10 微小平裂藻 *Merismopedia tenuissima*

形态:群体微小,呈正方形,由16(-32)(-64)(-128)或更多一些细胞所组成,群体中的细胞常4个成一组,群体胶被薄;细胞呈球形或半球形,外具较明显或完全溶化的胶被。细胞直径为1.3~2.5 μm。原生质体均匀,呈蓝绿色。

生境:生长于各种静止的淡水水体,通常混杂在其他藻类间,在微盐水中也有生存。

点形平裂藻(图3.11)

 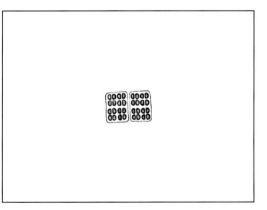

图3.11 点形平裂藻 *Merismopedia punctata*

形态:群体微小,一般由8(-16)(-32)(-64)个细胞组成,群体中的细胞密贴或稀松,但都排列成十分整齐的行列。细胞呈球形、宽卵形或者半球形,直径为2.3~3.5 μm。原生质体均匀,呈淡蓝绿色或者蓝绿色。

生境:这是一类繁生于各种淡水水体中的浮游藻类,常混生在其他藻类间,数量少。

3.1.5 异球藻属

植物体着生,为单层的囊状薄壁组织圆盘状,或幼植物体为圆盘状,为不连续的无柄细胞群,细胞间具空隙;细胞略具极性,有时略或明显沿垂直轴延长;圆形细胞通常坚硬,胶质鞘不常见;老群体中的细胞有时组成短的、水平方向的、不规则的行列;全部细胞大小几乎相等,群体边缘细胞常为圆形或长形。

胶壁异球藻(图 3.12)

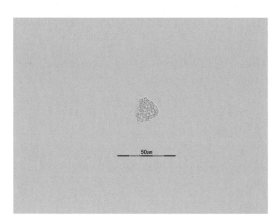 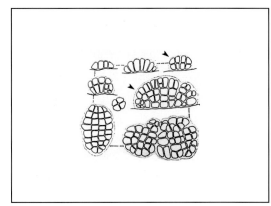

图 3.12 胶壁异球藻 *Xenococcus kerneri*

形态:幼植物体为单层细胞的囊状薄壁组织的盘状体,成熟后由直立小枝侧面相连形成薄壁组织状。直立丝体由 6~10 个细胞组成, 2~3 次叉状分枝。鞘厚,分层或不分层,边缘具水溶性胶质,呈无色或淡黄色。细胞宽 3.5~6 μm,长 10 μm。内生孢子囊生于直立丝体顶端或边缘,内生孢子 32 个,连续形成,直径小于 3 μm。

生境:湖泊、池塘等静止水体。

3.1.6 欧氏藻属

群体为圆球形或不规则卵形,通常由小群体组成复合群体,常具窄的、无色的胶质包被层,自由漂浮;群体中央具辐射状或略为平行的分枝或不分枝的柄,柄与细胞宽相等,排列紧密;在老群体中柄有时融合。细胞罕见为圆球形的,常为长形、宽卵形、卵形或倒卵形,细胞分裂后彼此分离,而老群体则非常紧密,在群体周边辐射状聚合。细胞分裂在群体周边为互相垂直的两个面连续分裂。以群体解聚和群体中释放单个细胞进行繁殖。

密孢欧氏藻（图 3.13）

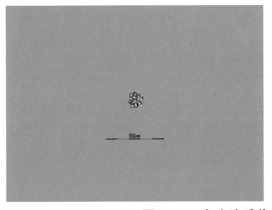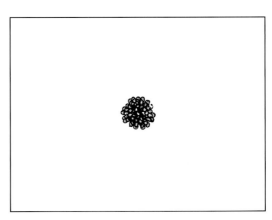

图 3.13　密孢欧氏藻 *Woronichinia compacta*

形态：群体自由漂浮，呈不规则的圆球形或卵形，直径可达 80 μm，成熟后常由子群体组成复合群体；细胞密集聚集在群体周边层；胶被宽，无色，边缘水融合性；具胶柄；细胞呈倒卵形，有时为钝圆的三角形，罕见卵形，灰蓝绿色，无气囊，大小为（3~6）μm×（11.5~3.5）μm。

生境：温带湖泊中漂浮。

3.1.7　小尖头藻属

细胞列短而弯曲，无鞘，两端尖细或一端尖细；细胞呈圆柱形，有或无气囊；无异形胞。具厚壁孢子，单生或成对，位于藻丝中间。

弯形小尖头藻（图 3.14）

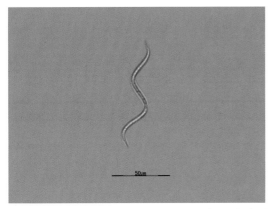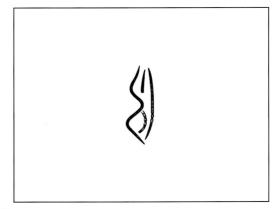

图 3.14　弯形小尖头藻 *Raphidiopsis curvata*

形态：丝体自由漂浮或少数成束，呈"S"形或螺旋形弯曲，少数直，横壁处不收缢;细胞长为宽的 1.5~2 倍,宽约 4.5 μm,圆柱形,内含物为浅蓝色,具气囊;孢子呈椭圆形,宽为 4.0~7.2 μm,长为 11~13 μm,约位于藻丝中部。

生境:静止水体。

3.1.8 柱孢藻属

植物体无定形,多为暗蓝绿色;藻丝宽度相等;无鞘或仅具薄而不明显胶质;细胞呈圆柱形,横壁处收缢;异形胞顶生,位于藻丝两端或一端,有时间生;孢子1个,少数 2 个至多个,成串,靠近异形胞,比营养细胞大得多。

藓生柱孢藻(图 3.15)

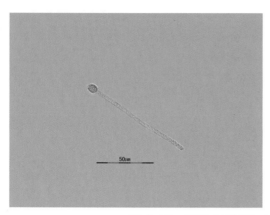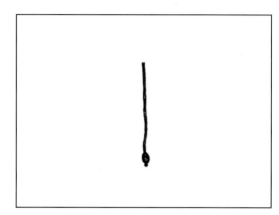

图 3.15　藓生柱孢藻 *Cylindrospermum muscicola*

形态:植物体为不定形胶质块,呈暗绿色。藻丝宽 3~4.7 μm,横壁处略收缢,呈亮蓝绿色;细胞呈圆柱形或近方形,宽 3~4.7 μm;异形胞呈半球形或长圆形,宽 4~5 μm,长 5~7 μm;孢子单个,呈卵形,两端圆,宽 9~12 μm,长 10~20 μm,外壁光滑,为橙褐色。

生境:静止水体,潮湿土壤,麦田。

3.1.9 拟柱胞藻属

藻体丝状,单生,直线形或弯曲形或卷曲形,自由漂浮。细胞呈圆柱形或桶形,呈淡蓝绿色或黄色,兼性厌氧。末端细胞通常是圆锥形,具有锋利或较钝的尖端。异形孢子是卵形或者锥形的,末端有单孔。厚壁孢子呈椭圆形或圆柱形,在藻体细胞中生长。通过厚壁孢子和原植体进行繁殖。

纳氏拟柱胞藻(图 3.16)

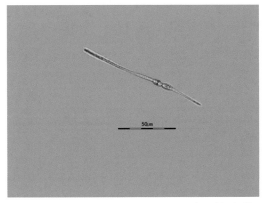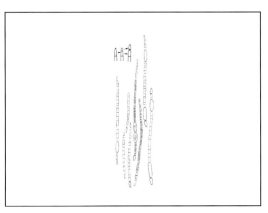

图 3.16 纳氏拟柱胞藻 *Cylindrospermopsis raciborskii*

形态:藻体丝状,藻丝末端尖细状,具伪空泡,厚壁孢子出现在藻丝一端或两端,距异形胞 1~3 个营养细胞。

生境:常见于热带富营养化水体中,是热带、亚热带水体中水华的主要组成生物。

3.1.10 短螺藻属

藻体小、较细,丝状或假丝状。藻丝单生,通常较短、细,排列不规则且易断裂,可达 3.5 μm 宽,通常由 1~8 个(18~32 个)细胞组成,由更多的细胞组成的情况极少见,通常呈半圆状弯曲,波状或由 1 个、2 个或更多(最多 8 个)的不规则螺旋组成的螺旋状。横壁处收缢,没有明显的鞘,但有或厚或薄的胶被,相邻细胞的末端有时会稍有偏移。单个、偶见多个不规则细胞连在一起组成的藻丝常由一胶被包裹,胶被通常无色、不清晰、不易区分。所有细胞具有相同的形态,长圆柱形或长桶形,末端细胞顶部为圆形。类囊体排列于腔壁。细胞对称或略不对称地横向分裂,通过藻殖段或单细胞来进行繁殖。

短螺藻属是典型的浮游生物,生活在贫、中营养的湖泊、池塘中,很少生活在富营养化的生态系统中。目前北美已记录 19 种,大部分来自北方的微暖区,一种来自海洋。

17

短螺藻（图 3.17）

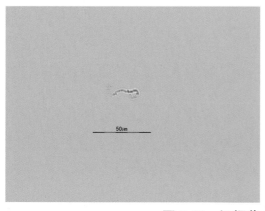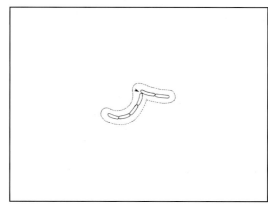

图 3.17　短螺藻 *Romeria leopoliensis*

形态：藻丝细小，细胞个数少，所有细胞具有相同的形态，细长形，长圆柱形或长桶形，末端细胞顶部为圆形；通常为半圆的弧形，波形；横壁处收缢，没有明显的鞘，但有或厚或薄的胶被。

生境：生活在贫养、中养的湖泊、池塘中。

3.1.11　泽丝藻属

藻丝漂浮；无鞘，顶端钝圆，不渐尖细，由多数长形、圆柱形细胞组成，横壁处不收缢或略收缢，细胞宽 1~6 μm；气囊位于细胞顶部或中央；以藻丝断裂成小片段的不动的藻殖囊进行繁殖，无死细胞。

此属可能有 20 种，我国记载 1 种。

莱德基泽丝藻（图 3.18）

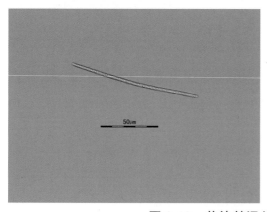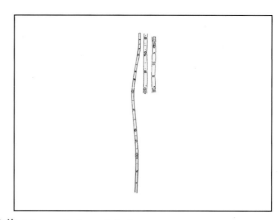

图 3.18　莱德基泽丝藻 *Limnothrix redekei*

形态:藻丝游离漂浮,呈蓝绿色或浅蓝绿色,多细胞,横壁处不收缢或收缢不明显,无胶被。横隔处或细胞中有气囊,气囊体积较大,呈现出一个完整的空球状。细胞圆柱形,细胞长 1.3~10.0 μm,宽 0.8~2.0 μm,长宽比为 1.8~7.3。

生境:湖泊(分布于艾溪湖、鄱阳湖)。

3.1.12 束丝藻属

藻丝多数为直立的,少数略弯曲,常多数集合形成盘状或纺锤状群体;无鞘,顶端尖细;异形胞间生,孢子远离异形胞。

我国记载 1 种。

水华束丝藻(图 3.19)

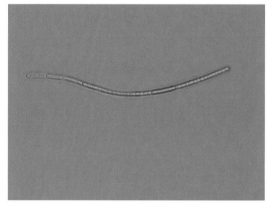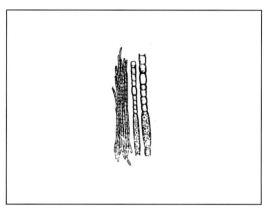

图 3.19 水华束丝藻 *Aphanizomenon flos-aquae*

形态:藻丝集合成束,少数单生,或直或略弯曲;细胞宽 5~6 μm,长 5~15 μm,圆柱形,具气囊;异形胞圆柱形,宽 5~7 μm,长 7~20 μm;孢子圆柱形,宽 6~8 μm,长可达 80 μm。

生境:各种静止水体。

3.1.13 鱼腥藻属

植物体为单一丝体,或不定形胶质块,或柔软膜状;藻丝等宽或末端尖,直或不规则的螺旋状弯曲;细胞球形、桶形;异形胞常为间位;孢子 1 个或几个成串,紧靠异形胞或位于异形胞之间。

鱼腥藻属一种 *Anabaena* sp1.（图 3.20）

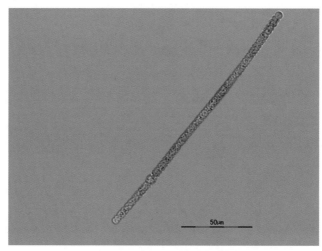

图 3.20　鱼腥藻属一种 *Anabaena* sp1.

鱼腥藻属一种 *Anabaena* sp2.（图 3.21）

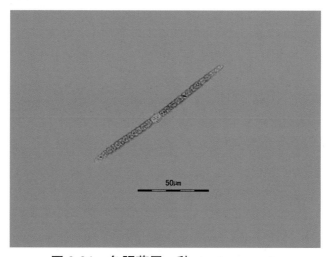

图 3.21　鱼腥藻属一种 *Anabaena* sp2.

3.1.14　项圈藻属

藻丝漂浮,短,螺旋形弯曲或轮状弯曲,少数直;异形胞顶生,常成对;孢子间生,远离异细胞。

我国记载 2 种 1 变种。

阿氏项圈藻（图 3.22）

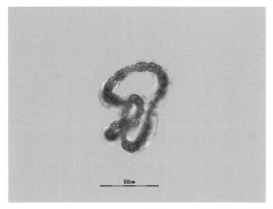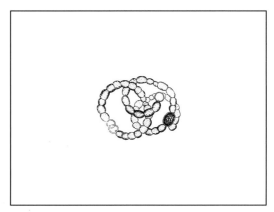

图 3.22 阿氏项圈藻 *Anabaenopsis arnoldii*

　　形态：植物体漂浮；藻丝鞘厚，水溶性，无色透明，规则的螺旋形卷曲，具 0.5~9 个螺旋，螺旋宽 25~58 μm，螺距 7~32 μm。藻丝两端常各具 1 个异形胞，或另一端为营养细胞或 2 个异形胞或少数在另一端具 1 个孢子。细胞呈扁球形，少数为椭圆形，宽 6.5~8.5 μm，长 6.5~8 μm，具气囊。异形胞呈球形，直径为 5.8~7 μm，或椭圆形，长 8~10.5 μm；细胞常两个连生，少数单生，间生，呈椭圆形，宽 10.4~11.5 μm，长 11.5~14.5 μm，壁平滑，无色。

　　生境：湖泊、池塘等静止水体。

3.1.15　假鱼腥藻属

　　丝状蓝藻，细胞长大于宽，呈圆柱形，直或稍有弯曲，不具胶鞘，细胞横壁处有收缢或不明显，原生质体均匀，不具气囊，是热带、亚热带水库常见的浮游植物富营养化代表种类，常见于淡水鱼虾池、水库、河流和湖泊中，属有毒水华藻种。

洋假鱼腥藻（图 3.23）

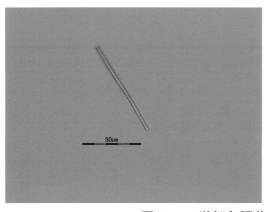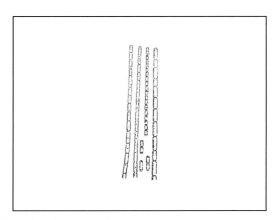

图 3.23 洋假鱼腥藻 *Pseudanabaena galeata*

21

形态:藻丝自由漂浮或悬浮在水体中层或下层。细胞呈紫红色、棕褐色、黄褐色、棕灰色或蓝绿色,无胶被。藻丝多细胞,收缢明显,收缢处由比细胞宽度较窄的厚壁连接,并有气囊状空隙,末端细胞内有1~2个帽状极气囊。细胞均质,圆柱形,细胞长1.0~8.1 μm,宽1.0~3.1 μm,长宽比为1.0~4.3。其有运动特性,部分藻株含有藻红素。

生境:常见于富营养化的湖泊中。

湖生假鱼腥藻(图3.24)

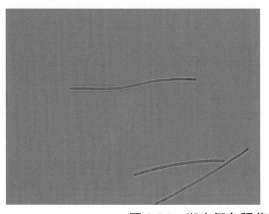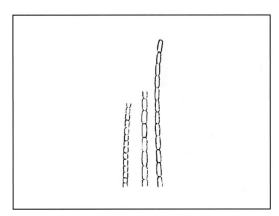

图3.24 湖生假鱼腥藻 *Pseudanabaena limnetica*

形态:藻丝游离漂浮。藻丝呈蓝绿色,多细胞,收缢不明显,末端无特殊结构,无极气囊,无胶被。细胞均质,呈长椭圆形,细胞长1.7~12.0 μm,宽0.8~3.0 μm,长宽比为1.1~6.9,无运动特性,无藻红素,类囊体在横切面和纵切面均呈环状贴壁分布。藻丝收缢明显。

生境:常见于富营养化的湖泊中。

3.1.16 螺旋藻属

藻体单细胞或多细胞圆柱形,无鞘;或松或紧地卷曲呈规则的螺旋状;藻丝顶端通常不渐尖,顶端细胞钝圆,无帽状结构;横壁不明显,不收缢。

诺迪氏螺旋藻(图3.25)

形态:螺旋状,藻丝较紧密而有规则,螺旋直径为5~6 μm,螺旋间距离为5~6 μm,细胞宽1.5~2 μm,内含物灰白色或鲜蓝绿色。

生境:生长在沟边积水处、池塘、含盐或微碱性水域中以及含有腐殖酸的软水体中。

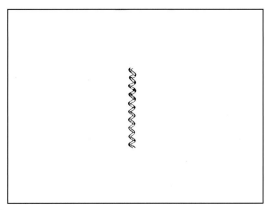

图 3.25　诺迪氏螺旋藻 *Spirulina nordstedtii*

宽松螺旋藻（图 3.26）

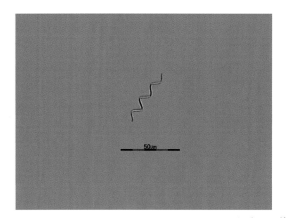
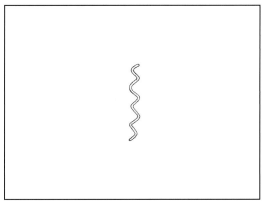

图 3.26　宽松螺旋藻 *Spirulina laxissima*

形态：单细胞，无横壁，细胞宽 0.8~1 μm，有规则地螺旋状弯曲，浅蓝绿色；螺旋宽 4.5~6.25 μm，螺旋间距离 17~21 μm。

生境：生于芦苇塘。

3.1.17　颤藻属

植物体为单条藻丝或由许多藻丝组成的皮壳状和块状的漂浮群体，无鞘或罕见极薄的鞘；藻丝不分枝，直或扭曲，能颤动，匍匐式或旋转式运动；横壁收缢或不收缢，顶端细胞形态多样，末端增厚或具帽状结构；细胞短柱形或盘状；内含物均匀或具颗粒，少数具气囊；以形成藻殖段进行繁殖。

小颤藻（图 3.27）

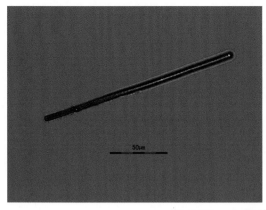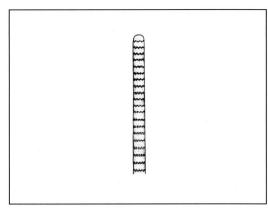

图 3.27　小颤藻 *Oscillatoria tenuis*

形态:原植体胶质薄片,呈蓝绿色或橄榄绿色。藻丝直,横壁收缢,顶端直或弯曲,不渐尖,细胞横壁两侧具多数颗粒。细胞长 2.5~5 μm, 宽 4~11 μm,顶端细胞呈半球形,外壁略增厚。

生境:溪流、温泉、小水沟、湖泊。

拟短形颤藻（图 3.28）

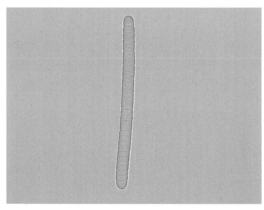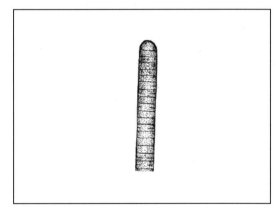

图 3.28　拟短形颤藻 *Oscillatoria subbrevis*

形态:藻丝单条,横壁收缢,两侧不具颗粒,顶端不尖细,顶端细胞呈圆锥形,不具帽状结构,不增厚;细胞长 1~2.5 μm,宽 5~8.5 μm。

生境:溪沟、静水池、沼泽、温泉。

颤藻属一种 *Oscillatoria* sp1.（图 3.29）

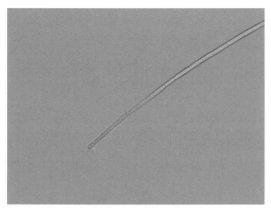

图 3.29   颤藻属一种 *Oscillatoria* **sp1.**

颤藻属一种 *Oscillatoria* sp2.（图 3.30）

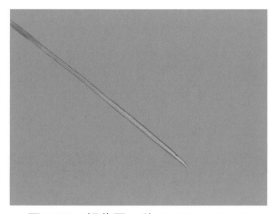

图 3.30   颤藻属一种 *Oscillatoria* **sp2.**

3.2   隐藻门

隐藻门（Cryptophyta）是植物分类系中的一门。在 A.Pascher 于 1914 年所设立的甲藻门（Pyrrophyta）中，依类囊体结构的不同和藻胆素的有无等特征而趋向于分为两个独立的门，即甲藻门和隐藻门。隐藻门有 24 属 100 种左右，少数是单细胞，带有 2 条鞭毛，细胞呈长椭圆形或卵形，显著纵扁，背侧略凸；鞭毛 2 条，略等长，自腹侧前端伸出，或生于侧面；具 1 或 2 个大形叶状色素体，光合色素除含叶绿素 a、c 外，还含藻胆素，储藏物质为隐藻淀粉。

本研究共发现隐藻门 3 种。

　　细胞呈椭圆形、豆形、卵形、圆锥形、纺锤形或"S"形。背腹扁平,背部明显隆起,腹部平直或略凹入。多数种类横断面呈椭圆形,少数种类呈圆形或显著的扁平。细胞前端钝圆或为斜截形,后端为或宽或狭的钝圆形。具明显的口沟,位于腹侧。鞭毛2条,自口沟伸出,鞭毛通常短于细胞长度。具刺丝胞或无。液泡1个,位于细胞前端。色素体2个(有时仅1个),位于背侧或腹侧或位于细胞的两侧面,黄绿色或黄褐色或有时为红色,多数具有1个蛋白核,也有具有2~4个蛋白核的,或无蛋白核的;单个细胞核,在细胞后端。

　　繁殖方法为细胞纵分裂,分裂时细胞停止运动,分泌胶质,核先分裂,原生质体自口沟处分成两半。

卵形隐藻(图 3.31)

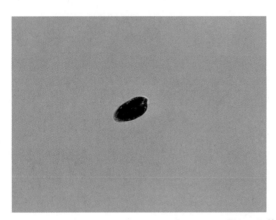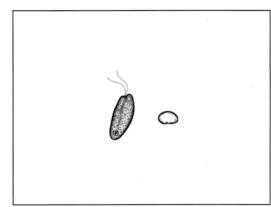

图 3.31　卵形隐藻 *Cryptomonas ovata*

　　形态:细胞呈椭圆形或长卵形,通常略弯曲。前端呈明显的斜截形,顶端呈角状或宽圆,大多数为斜的凸状;后端为宽圆形。细胞大多数略扁平;纵沟、口沟明显。口沟达到细胞的中部,有时近于细胞腹侧,直或者甚明显地弯向腹侧。细胞前端近口沟处常具2个卵形的反光体,通常位于口沟背侧,或者1个在背侧另1个在腹侧。具2个色素体,有时边缘具缺刻,橄榄绿色,有时为黄褐色,罕见黄绿色。鞭毛2条,几乎等长,多数略短于细胞长度。细胞大小变化很大。通常长20~80 μm,宽6~20 μm,厚5~18 μm。

　　生境:池塘、湖泊、鱼池。

啮蚀隐藻（图 3.32）

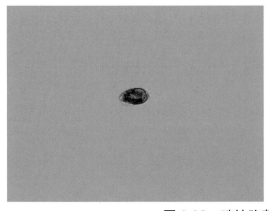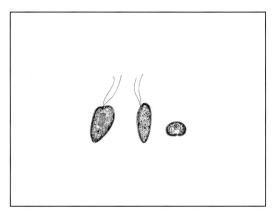

图 3.32　啮蚀隐藻 *Cryptomonas erosa*

形态：细胞倒卵形到近椭圆形，前端背角突出略呈圆锥形，顶部钝圆。纵沟有时很不明显，但常较深。后端大多数渐狭，末端狭钝圆形。背部大多数明显凸起，腹部通常平直，极少数略凹入。细胞有时弯曲，罕见扁平。口沟只达到细胞中部，很少达到后部；口沟两侧具刺丝胞。鞭毛与细胞等长。色素体 2 个，呈绿色、褐绿色、金褐色、淡红色，罕见紫色；储藏物质为淀粉粒，常为多数，盘形，双凹入，卵形或多角形。细胞长 15~32 μm，宽 8~16 μm。

生境：此种分布极广，在湖泊、塘堰、鱼池中极为常见。

3.2.2　蓝隐藻属

细胞呈长卵形、椭圆形、近球形、近圆柱形、圆锥形或纺锤形。前端斜截形或平直，后端钝圆或渐尖；背腹扁平；纵沟或口沟常很不明显。无刺丝胞或极小，有的种类在纵沟或口沟处刺丝胞明显可见。鞭毛 2 条，不等长。伸缩泡位于细胞前端。具眼点或无。色素体多为 1 个（也有 2 个的），盘状，边缘常具浅缺刻，周生，蓝色或蓝绿色。淀粉粒大，常成行排列。蛋白核 1 个，位于细胞的中部或下半部。淀粉鞘由 2~4 块组成。1 个细胞核，位于细胞下半部。我国记载 2 种。

尖尾蓝隐藻（图 3.33）

形态：细胞纺锤形，前端宽斜截形，向后渐狭，后端尖细，常向腹侧弯曲。纵沟很短。无刺丝胞。色素体 1 个，橄榄绿色或暗绿色，具 1 个明显的蛋白核，位于细胞中部背侧。鞭毛与细胞长度约相等。细胞长 7~10 μm，宽 4.5~5.5 μm。

生境：广泛分布于各种静止小水体中。

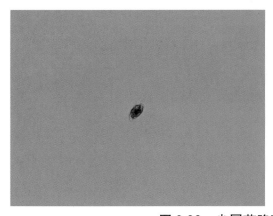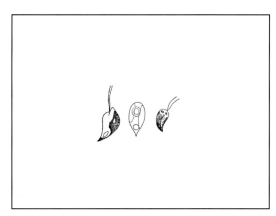

图 3.33　尖尾蓝隐藻 *Chroomonas acuta*

3.3　甲藻门

甲藻门（Pyrrophyta）是藻类植物的 1 门。除少数裸型种类外,都具有主要由纤维素组成的厚的细胞壁。多单细胞,大部分海产,海洋赤潮的主要种类,壁由许多小板片组成。细胞具一条横沟和一条纵沟,对应的有两条鞭毛,一条横鞭,一条纵鞭。间核生物。

本研究共发现甲藻门 4 种。

3.3.1　多甲藻属

淡水种类细胞常为球形、椭圆形以及卵形,罕见多角形,略扁平,顶面观常呈肾形,背部明显凸出,腹部平直或凹入。纵沟、横沟显著,大多数种类的横沟位于中间略下部分,多数为环状,也有左旋或右旋的,纵沟有的略伸向上壳,有的仅限制在下锥部,有的达到下锥部的末端,常向下逐渐加宽。沟边缘有时具刺状或乳头状突起。通常上锥部较长而狭,下锥部短而宽。有时顶极为尖形,具孔或无,有的种类底极显著凹陷。板程式为: 4′（2a-3a）,7″,5‴,2⁗（其中的 1′ 和 2a 以它们与沟前板的连接方式在分类上极为重要）。板片光滑或具花纹;板间带或狭或宽,宽的板间带常具横纹。细胞具明显的甲藻液泡,色素体常为多数,颗粒状,周生,黄绿色、黄褐色或褐红色。具眼点或无。有的种类具蛋白核。储藏物质为淀粉和油。细胞核大,圆形、卵形或肾形,位于细胞中部。

繁殖方法主要是斜向纵分裂,或产生厚壁休眠孢子。少数种类存在有性生殖。

此属多数为海产种类,淡水种类很少。

微小多甲藻（图 3.34）

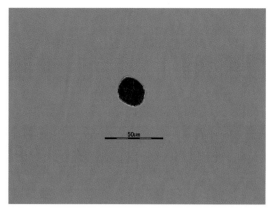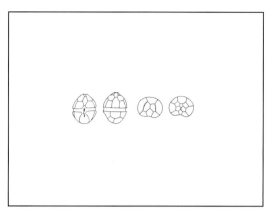

图 3.34　微小多甲藻 *Peridinium pusillum*

形态：细胞呈卵形，背腹扁平，具顶孔。横沟几乎为圆圈环绕，纵沟略深入上壳，较宽，向下略增宽，不达到下壳末端；上壳圆锥形，比下壳稍大。板片程式为：4′，2a，7″，5‴，2⁗，下壳为半球形，无刺，具 2 块大小相等的底板。底板板间带和纵沟边缘具微细的乳头状突起。壳面平滑或具很浅的窝孔纹。色素体黄绿色，有时为褐色。细胞长 18~25 μm，宽 13~20 μm。

生境：在各种静止水体中广泛分布。

3.3.2　拟多甲藻属

细胞呈椭圆形或圆球形；下锥部等于或小于上锥部；板片可以具刺、似齿状突起或翼状纹饰。板片程式为：板片程式为：（3-5）′，（0a-1a），（6-8）″，5‴，2⁗。

我国记载 3 种。

挨尔拟多甲藻（图 3.35）

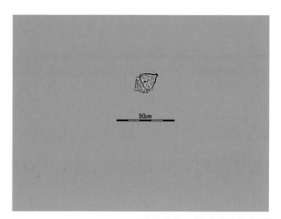

图 3.35　挨尔拟多甲藻 *Peridiniopsis elpatiewskyi*

29

形态:细胞呈五角形或卵圆形,背腹略扁平,具顶孔,上锥部呈圆锥形,比下锥部大;横沟几乎为一圆圈,纵沟略伸入上壳,向下逐渐显著扩大,下锥部后端边缘略具斜向刻痕,具2块大小相等的底板,背面板间带具稀疏的或密集的刺丛。板片程式为:4′,0a,7″,5‴,2⁗。壳面具细穿孔纹,幼体板片平滑无花纹。色素体多个,圆盘状。细胞长 30~45 μm,宽 28~35 μm。厚壁孢子为宽卵形,壁厚,大小为 36×28 μm。

生境:湖泊和池塘浮游种类。分布较广。

坎宁顿拟多甲藻(图3.36)

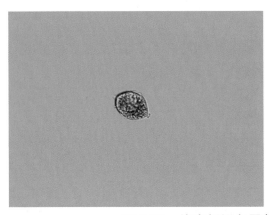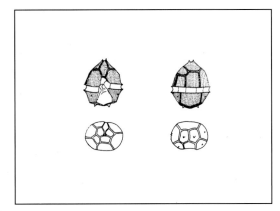

图 3.36　坎宁顿拟多甲藻 *Peridiniopsis cunningtonii*

形态:细胞呈卵形,背腹明显扁平,具顶孔。上锥部呈圆锥形,显著大于下锥部。横沟左旋,纵沟深入上锥部,向下明显加宽,未达到下壳末端,板片程式为:5′,0a,6″,5‴,2⁗,上锥部具6块沟前板、1块菱形板、2块腹部顶板、2块背部顶板;下锥部第1、2、4、5块沟后板各具1刺,2块底板各具1刺,板片具横纹。色素体呈黄褐色。细胞长 28~32.5 μm,宽 23~27.5 μm,厚 17.5~22.5 μm。厚壁孢子呈卵形,壁厚。

生境:湖泊,池塘。

3.3.3　角甲藻属

单细胞或有时连接成群体。细胞具1个顶角和2~3个底角。顶角末端具顶孔,底角末端开口或封闭。横沟位于细胞中央,呈环状或略呈螺旋状,左旋或右旋。细胞腹面中央为斜方形透明区,纵沟位于腹区左侧,透明区右侧为一锥形沟,用以容纳另一个体前角形成群体。板片程式为 4′,5″,5‴,2⁗,无前后间插板;顶板联合组成顶角,底板组成一个底角,沟后板组成另一个底角。壳面具网状窝孔纹。色素体多数,小颗粒状,为金黄色、黄绿色或褐色。具眼点或无。

常见的繁殖方法是细胞分裂。有的种类产生休眠孢子。

此属主要是海产的,淡水种类极少。其中飞燕角甲藻在淡水中分布极广。

飞燕角甲藻(图 3.37)

 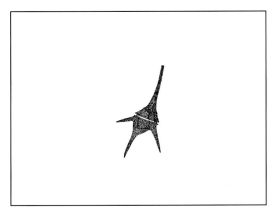

图 3.37　飞燕角甲藻 *Ceratium hirundinella*

形态:细胞背腹部显著扁平。顶角狭长,平直而尖,具顶孔。底角 2~3 个,呈放射状,末端多数尖锐,平直,或呈各种形式的弯曲。有些类型其角或多或少向腹侧弯曲。横沟几乎呈环状,极少左旋或右旋的,纵沟不伸入上壳,较宽,几乎达到下壳末端。壳面具粗大的窝孔纹,孔纹间具短的或长的棘。色素体多数,圆盘状周生,呈黄色至暗褐色。细胞长 90~450 μm。

生境:在各种静止水体中生存。

3.4　金藻门

金藻门(Chrysophyta)是浮游植物的一门。藻体为单细胞或集成群体,浮游或附着。色素体为金褐色、黄褐色或黄绿色,同化产物为白糖素及脂肪,大多数运动的种类和繁殖细胞具鞭毛 2 条,1 条或 3 条的很少,静孢子的壁硅质化,由 2 片构成,顶端开一小孔。

本研究共发现金藻门 2 种。

3.4.1　锥囊藻属

植物体为树状或丛状群体,浮游或着生;细胞具圆锥形、钟形或圆柱形囊壳,前端呈圆形或喇叭状开口,后端呈锥形,透明或黄褐色,表面平滑或具波纹;细胞为纺锤形、卵形或圆锥形,基部以细胞质短柄附着于囊壳的底部,前端具 2 条不

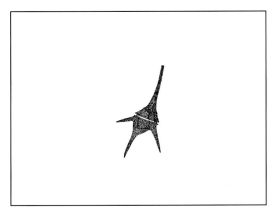

等长的鞭毛,长的 1 条伸出在囊壳开口处,短的 1 条在囊壳开口内,伸缩泡 1 个到多个,眼点 1 个,色素体周生、片状,1~2 个,光合作用产物为金藻昆布糖,常为 1 个大的球状体,位于细胞的后端。

繁殖为细胞纵分裂,也常形成休眠孢子。有性生殖为同配。

此属是湖泊、池塘中常见的浮游藻类之一,一般生长在清洁、贫营养的水体中。

据报道,全世界约有 41 种。

密集锥囊藻(图 3.38)

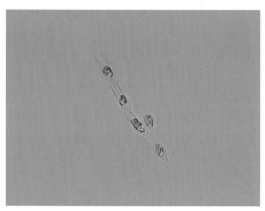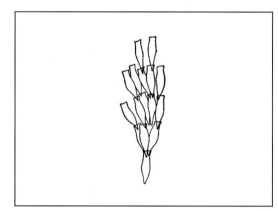

图 3.38　密集锥囊藻 *Dinobryon sertularia*

形态:群体细胞密集排列呈自上而下的丛状;囊壳为纺锤形到钟形。宽而粗短,顶端开口处略扩大,中上部略收缩,后端短而渐尖呈锥状,略不对称,其一侧呈弓形。囊壳长 30~40 μm,宽 10~14 μm。

圆筒锥囊藻(图 3.39)

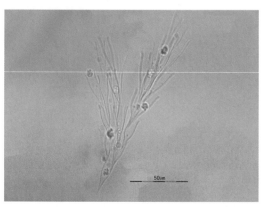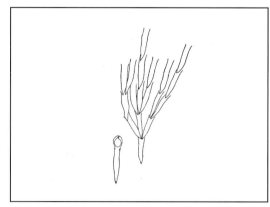

图 3.39　圆筒锥囊藻 *Dinobryon cylindricum*

形态:群体细胞密集排列呈疏松丛状;囊壳为长瓶形,前端开口处扩大呈喇叭状,中间近平行呈圆筒形,后部渐尖呈锥状,不规则或不对称,多少向一侧弯曲成一定角度。囊壳长 30~77 μm,宽 8.5~12.5 μm。

3.5 硅藻门

硅藻(Bacillariophyta)是一类真核藻类,多数为单细胞生物。根据壳的形态和花纹,可分为中心硅藻纲及羽纹硅藻纲。硅藻普遍分布于淡水、海水中和湿土上,为鱼类和无脊椎动物的食料。硅藻门植物细胞壁富含硅质,硅质壁上具有排列规则的花纹。壳体由上下半壳套合而成。色素体主要有叶绿素 a、c1、c2 以及 β 胡萝卜素,岩藻黄素、硅藻黄素等。

本研究共发现硅藻门 27 种,其中针杆藻、星杆藻、舟形藻等为库区常见种类。

3.5.1 直链藻属

植物体由细胞的壳面互相连成链状群体,多为浮游;细胞呈圆柱形,绝少数呈圆盘形、椭圆形或球形;壳面为圆形,极少数为椭圆形,平或凸起,有或无纹饰,有的带面常有 1 条线形的环状缢缩,称"环沟"(sulcus),环沟间平滑,其余部分平滑或具纹饰,有 2 条环沟时,两条环沟间的部分称"颈部",细胞间有沟状的缢入部,称"假环沟",壳面常有棘或刺;色素体呈小圆盘状。

复大孢子在此属较为常见。

此属是主要的淡水浮游硅藻之一,生长在池塘、浅水湖泊、沟渠、水流缓慢的河流及溪流中。多数种类普遍分布。

颗粒直链藻(图 3.40)

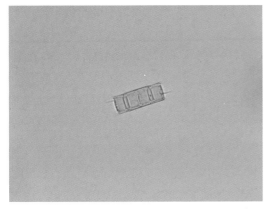 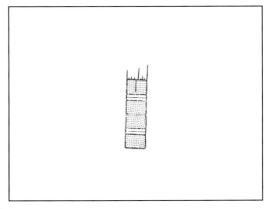

图 3.40 颗粒直链藻 *Melosira granulate*

形态:群体长链状,细胞以壳盘缘刺彼此紧密连成;群体细胞为圆柱形,壳盘面平,具散生的圆点纹,壳盘缘除两端细胞具不规则的长刺外,其他细胞具小短刺;点纹形状不规则,常呈方形或圆形,端细胞为纵向平行排列,其他细胞均为斜向螺旋状排列,点纹多型,为粗点纹、粗细点纹、细点纹;壳套面发达,壳壁厚,环沟和假环沟呈"V"形;具深镶的较薄的环状体;颈部明显。点纹 10 μm 内 8~15 条,每条具 8~12 个点纹;细胞直径为 4.5~21 μm,高 5~24 μm。

无性生殖产生复大孢子,球形。

生境:在国内外广泛分布,生长在江河、湖泊、池塘、沼泽等各种水体中,尤其在富营养湖泊或池塘中大量出现,浮游,pH 值为 6.3~9,适宜的 pH 值为 7.9~8.2。

颗粒直链藻极狭变种螺旋变型(**图 3.41**)

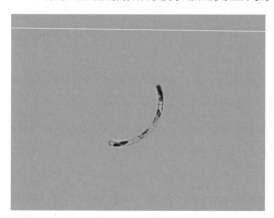
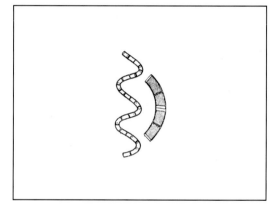

图 3.41　颗粒直链藻极狭变种螺旋变型 *Melosira granulate* **var.** *angustissima* **f.** *spiralis*

形态:链状群体弯曲形成螺旋形。点纹 10 μm 内约 16 条;细胞直径为 2.5~5.5 μm,高 7.5~19.5 μm。

生境:生长在江河、湖泊、池塘中,浮游。

变异直链藻(**图 3.42**)

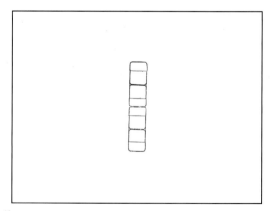

图 3.42　变异直链藻 *Melosira varians*

形态:群体链状,由细胞彼此紧密连成;群体细胞呈圆柱形,壳盘面平,盘缘向下弯曲,具极细的齿;壳套面环状,壳壁略薄而均匀;假环沟狭窄,无环沟和颈部;内外壳套线平行;仅在分辨率高的显微镜下能观察到外壁具极细的点纹。细胞直径为 7~35 μm,高为 4.5~14(-27)μm。

生境:主要的淡水浮游硅藻之一,生长在池塘、浅水湖泊、沟渠、水流缓慢的河流及溪流中。

3.5.2 小环藻属

植物体为单细胞或由胶质或小棘连接成疏松的链状群体,多为浮游;细胞为鼓形,壳面圆形,绝少为椭圆形,呈同心圆皱褶的同心波曲,或与切线平行皱褶的切向波曲,绝少平直;纹饰具边缘区和中央区之分,边缘区具辐射状线纹或肋纹,中央区平滑或具点纹、斑纹,部分种类壳缘具小棘;少数种类带面具间生带;色素体呈小盘状。

繁殖为细胞分裂;无性生殖;每个细胞产生 1 个复大孢子。

生长在池塘、浅水湖泊、沟渠、沼泽、水流缓慢的河流及溪流中,大多数为浮游种类。广泛分布于淡水水体中,个别种类是喜盐的,仅少数种类海生。是硅藻土矿中的主要壳体之一,有些种类在地层划分和对比中是不可缺少的生物依据。

小环藻属一种 *Cyclotella* sp1.(图 3.43)

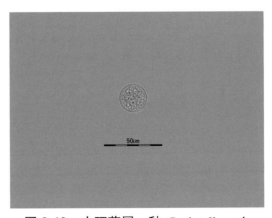

图 3.43　小环藻属一种 *Cyclotella* sp1.

小环藻属一种 *Cyclotella* sp2.（图 3.44）

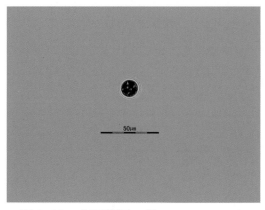

图 3.44　小环藻属一种 *Cyclotella* sp2.

小环藻属一种 *Cyclotella* sp3.（图 3.45）

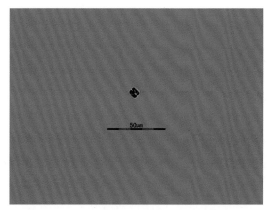

图 3.45　小环藻属一种 *Cyclotella* sp3.

小环藻属一种 *Cyclotella* sp4.（图 3.46）

图 3.46　小环藻属一种 *Cyclotella* sp4.

3.5.3 脆杆藻属

植物体由细胞互相连成带状群体,或以每个细胞的一端相连成"Z"状群体;壳面细长线形、长披针形、披针形到椭圆形,两侧对称,中部边缘略膨大或缢缩,两侧逐渐狭窄,末端钝圆、小头状、喙状;上下壳的假壳缝狭线形或宽披针形,其两侧具横点状线纹;带面长方形,无间生带和隔膜,但某些海生和咸水种类具间生带;色素体小盘状,多数,或片状,1~4 个,具 1 个蛋白核。

扫描电镜下观察,位于壳面一端具 1 个唇形突或无。

每个母细胞形成 1 个复大孢子。

生长在池塘、沟渠、湖泊、缓流的河流中。

中型脆杆藻(图 3.47)

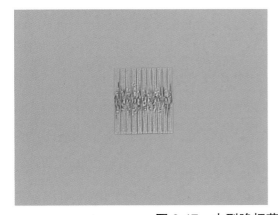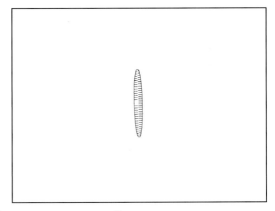

图 3.47　中型脆杆藻 *Fragilaria intermedia*

形态:细胞常互相连成带状群体;壳面呈披针形,从中部向两端逐渐狭窄,末端略膨大呈头状;假壳缝狭线形,中部一侧无线纹,横线纹,在 10 μm 内、有 9~14 条。细胞长 15~60 μm,宽 2.5~5 μm。

生境:生长在稻田、水坑、池塘、沟渠、湖泊、水库、山溪、山泉中。国内外广泛分布。

钝脆杆藻(图 3.48)

形态:细胞常互相连成带状群体;壳面长线形,近两端逐渐略狭窄,末端略膨大,钝圆形,假壳缝线形,横线纹细,在 10 μm 内有 8~17 条。中心区为矩形,无线纹。细胞长 25~220 μm,宽 2~7 μm。

生境:生长在池塘、沟渠、湖泊、缓流的河流中,偶然性浮游种类,也存在于半咸水中。国内外广泛分布。

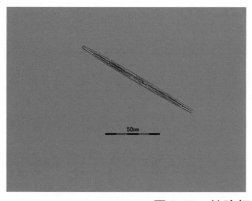
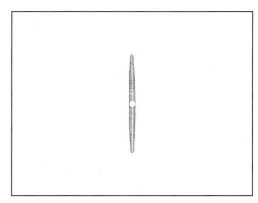

图 3.48　钝脆杆藻 *Fragilaria capucina*

克罗顿脆杆藻(图 3.49)

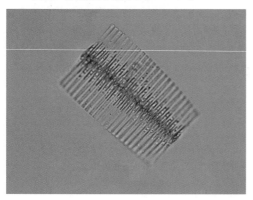
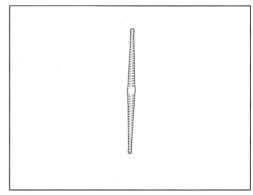

图 3.49　克罗顿脆杆藻 *Fragilaria crotonensis*

形态:细胞以壳面连成带状群体。带面观中部及两端贯壳轴加宽,因之群体中细胞相连仅在中部或两端,而相连的中部到两端之间形成一个披针形区域。壳面线形,中部较宽,末端略头状。壳面长 34~89 μm, 宽 2~4 μm,横线纹平行排列,在 10 μm 内有 12~18 条。壳面中部有一个长方形中央区。

生境:河、湖、水库、水坑、水塘、盐池、潮湿地表、沼泽、水沟。

脆杆藻(图 3.50)

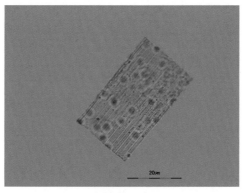

图 3.50　脆杆藻 *Fragilaria* sp.

3.5.4 针杆藻属

植物体为单细胞,或丛生呈扇形或以每个细胞的一端相连成放射状群体,罕见形成短带状,但不形成长的带状群体,壳面为线形或长披针形,从中部向两端逐渐狭窄,末端钝圆或呈小头状。假壳缝狭、线形,其两侧具横线纹或点纹,壳面中部常无花纹。带面长方形,末端截形,具明显的线纹带。无间插带和隔膜。壳面末端有或无黏液孔(胶质孔)。色素体呈带状,位于细胞的两侧、片状,2 个,每个色素体常具 3 到多个蛋白核。

每个细胞可产生 1~2 个复大孢子。

生境:生长在池塘、沟渠、湖泊、河流中,浮游或着生在基质上。

尖针杆藻(**图 3.51**)

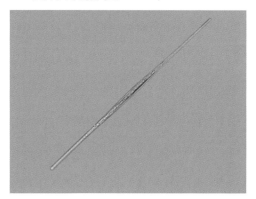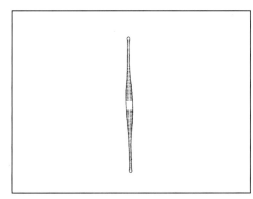

图 3.51 尖针杆藻 *Synedra acus*

形态:壳面为披针形,中部宽,从中部向两端逐渐狭窄,末端圆形或近头状;假壳缝狭窄,线形,中央区为长方形,横线纹细、平行排列,在 10 μm 内有 10~18条;带面呈细线形。细胞长 62~300 μm,宽 3~6 μm。

生境:生长在池塘、湖泊等各种淡水中。国内外广泛分布。

肘状针杆藻(**图 3.52**)

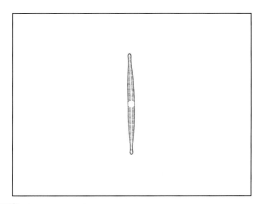

图 3.52 肘状针杆藻 *Synedra ulna*

形态:壳面为线形到线形披针形,末端略呈宽钝圆形,有时呈喙状,末端宽,两端孔区各具 1 个唇形突和 1~2 个刺;假壳缝狭窄、线形,中央区为横长方形或无,有时在中央区边缘具很短的线纹,横线纹较粗,由点纹组成,平行排列,两端横线纹偶见放射排列,在 10 μm 内有 8~14 条;带面线形。细胞长 50~389 μm,宽 3~9 μm。

生境:生长在水坑、池塘、湖泊、河流、沼泽中。国内外广泛分布。

3.5.5 星杆藻属

壳体为长形,常形成(组成)星状群体,壳体在壳面或壳环面观都有大小不一的末端。没有出现隔片和间生带。壳面观一端比另一端大,头状。其他一端可能是头状或有所变异。壳面长轴是对称的。假壳缝窄,不明显。横线纹清楚。

本属以其壳体的群体形态,缺少隔片和间生带,无论壳面或是壳环在横轴向都是不对称的特点与其他属相区别。

华丽星杆藻(图 3.53)

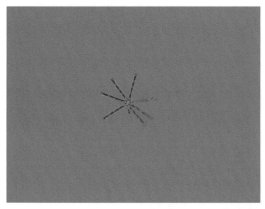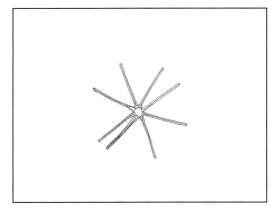

图 3.53　华丽星杆藻 *Asterionella formosa*

形态:壳体组成星状群体,壳体彼此附着的两端比群体其他部分宽大。壳面为线形,壳面末端逐渐变得较窄,末端呈头状,一端呈较为粗壮的头状,另一端呈较小的头状或不明显的头状;壳面长 40~130 μm,壳面宽 1~3 μm。假壳缝很窄,常不明显。横线纹清楚,在 10 μm 内有 24~28 条。

生境:淡水浮游种,常发现在水库、水田、潮湿的岩壁及富营养型湖泊中。

3.5.6 布纹藻属

植物体为单细胞,偶尔在胶质管内;壳面呈"S"形,从中部向两端逐渐尖细,末端渐尖或钝圆,中轴区狭窄,为"S"形到波形,中部中央节处略膨大,具中央节和极节,壳缝呈"S"形弯曲,壳缝两侧具纵和横线纹十字形交叉构成的布纹;带面呈宽披针形,无间生带;色素体为片状,2个,常具几个蛋白核。

生境:生长在淡水、半咸水或海水中,浮游,仅1种附着在基质上。

尖布纹藻(**图 3.54**)

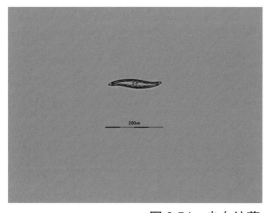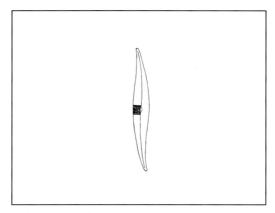

图 3.54 尖布纹藻 *Gyrosigma acuminatum*

形态:壳面为披针形,略呈"S"形弯曲,近两端为圆锥形,末端钝圆,中央区为长椭圆形,壳缝两侧具纵线纹和横线纹十字形交叉构成的布纹,纵线纹和横线纹粗细相等,在 10 μm 内有 16~22 条,细胞长 82~200 μm,宽 11~20 μm。

生境:生长在湖泊、池塘、泉水、河流中。国内外广泛分布。

3.5.7 舟形藻属

植物体为单细胞,浮游;壳面为线形、披针形、菱形或椭圆形,两侧对称,末端钝圆、近头状或喙状;中轴区狭窄,为线形或披针形,壳缝线形,具中央节和极节,中央节圆形或椭圆形,有的种类极节为扁圆形,壳缝两侧具点纹组成的横线纹,或布纹、肋纹、窝孔纹,一般壳面中间部分的线纹数比两端的线纹略为稀疏,在种类的描述中,在 10 μm 内的线纹数指壳面中间部分的线纹数;带面为长方形,平滑,无间生带,无真的隔片;色素体为片状或带状,多为 2 个,罕见 1 个、4 个、8 个。

由 2 个母细胞的原生质体分裂,分别形成 2 个配子,互相成对结合形成 2 个复大孢子。

生长在淡水、半咸水及海水中。

舟形藻属一种 *Navicula* **sp1.**（**图 3.55**）

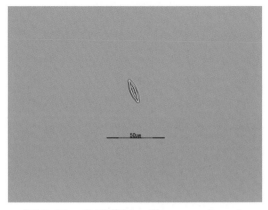

图 3.55　舟形藻属一种 *Navicula* sp1.

舟形藻属一种 *Navicula* **sp2.**（**图 3.56**）

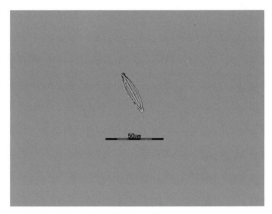

图 3.56　舟形藻属一种 *Navicula* sp2.

舟形藻属一种 *Navicula* **sp3.**（**图 3.57**）

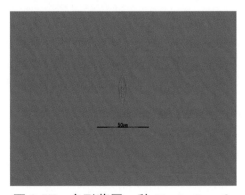

图 3.57　舟形藻属一种 *Navicula* sp3.

3.5.8　双眉藻属

植物体多数为单细胞,浮游或着生;壳面两侧不对称,明显有背腹之分,为新月形、镰刀形,末端钝圆形或两端延长呈头状;中轴区明显偏于腹侧一侧,具中央节和极节;壳缝略弯曲,其两侧具横线纹;带面椭圆形,末端截形,间生带由点连成长线状,无隔膜;色素体侧生,呈片状,1个、2个或4个。

由2个母细胞的原生质体结合形成2个复大孢子,1个细胞也可能产生1个复大孢子。

绝大多数生长在海水中,淡水、半咸水种类不多,海水种类多产于热带、亚热带地区。

卵圆双眉藻(图 **3.58**)

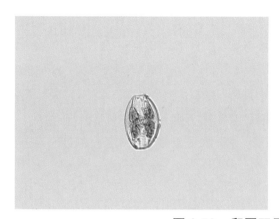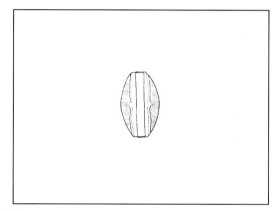

图 3.58　卵圆双眉藻 *Amphora ovalis*

形态:壳面为新月形,背缘凸出,腹缘凹入,末端呈钝圆形;中轴区狭窄,中央区仅在腹侧明显;壳缝略呈波状,由点纹组成的横线纹在腹侧中部间断,末端斜向极节,在背侧呈放射状排列,在 10 μm 内有 9~16 条;带面为广椭圆形,末端截形,两侧边缘为弧形。壳面长 20~140 μm,宽 6~9.5 μm。

生境:生长在稻田、水坑、池塘、湖泊、水库、河流、溪流、沼泽中,潮湿岩壁上,国内外广泛分布。

3.5.9　桥弯藻属

植物体为单细胞,为分枝或不分枝的群体,浮游或着生,着生种类细胞位于短胶质柄的顶端或在分枝或不分枝的胶质管中;壳面两侧不对称,明显有背腹之分,背侧凸出,腹侧平直或中部略凸出或略凹入,为新月形、线形、半椭圆形、半披针形、舟形或菱形披针形,末端钝圆或渐尖;中轴区两侧略不对称,具中央节和极节;壳缝略弯曲,少数近直,其两侧具横线纹,一般壳面中间部分的横线纹比近两端的横线纹略为稀疏,在种类的描述中,在 10 μm 内的横线纹数指壳面中间部分的横线纹数;带面为长方形,两侧平行,无间生带和隔膜;色素体侧生、片状,1 个。

由 2 个母细胞的原生质体结合形成 2 个复大孢子。

多数生长在淡水中,少数生长在半咸水中。

桥弯藻(图 3.59)

图 3.59　桥弯藻 *Cymbella* sp.

3.5.10　曲壳藻属

植物体为单细胞或以壳面互相连接形成带状或树状群体,以胶柄着生于基质上;壳面为线形披针形、线形椭圆形、椭圆形或菱形披针形,上壳面凸出或略凸出,具假壳缝,下壳面凹入或略凹入,具典型的壳缝,中央节明显,极节不明显,壳缝和假壳缝两侧的横线纹或点纹相似,或一壳面横线纹平行,另一壳面呈放射状;带面纵长弯曲,呈膝曲状或弧形;色素体为片状,1~2 个,或小盘状,多数。

2 个母细胞互相贴近,每个细胞的原生质体分裂成 2 个配子,成对的配子结合,形成 2 个复大孢子。

此属主要产于海洋中,淡水的种类多着生于丝状藻类、沉水生高等植物或其他基质上,或亚气生。

曲壳藻（图 3.60）

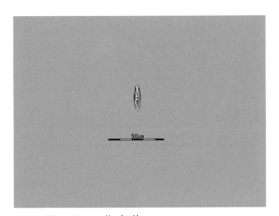

图 3.60　曲壳藻 *Achnanthes* sp.

3.5.11　卵形藻属

植物体为单细胞,以下壳着生在丝状藻类或其他基质上;壳面为椭圆形、宽椭圆形,上下两个壳面的外形相同,花纹各异或相似,上下两个壳面有 1 个壳面具假壳缝,另 1 个壳面具直的壳缝,具中央节和极节,壳缝和假壳缝两侧具横线纹或点纹;带面横向弧形弯曲,具不完全的横膈膜;色素体呈片状, 1 个,蛋白核1~2 个。

每 2 个母细胞的原生质体结合形成 1 个复大孢子,单性生殖为每个配子发育成 1个复大孢子。

大多数是海产种类,淡水种类附着于基质上生长,常大量发生。

扁圆卵形藻（图 3.61）

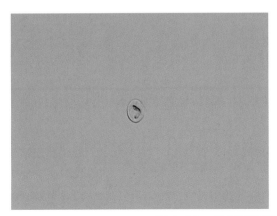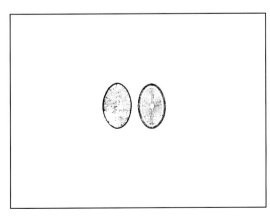

图 3.61　扁圆卵形藻 *Cocconeis placentula*

形态:壳面为椭圆形,具假壳缝一面的横线纹由相同大小的小孔纹组成,具壳缝的一面和不具壳缝的另一面中轴区均狭窄,具壳缝的一面中央区小,多少呈卵形,壳缝线形,其两侧的横线纹均在近壳的边缘中断,形成一个环绕在近壳缘四周的环状平滑区,由明显点纹组成的横线纹略呈放射状斜向中央区,在 10 μm内 15~20 条,不具壳缝的一面假壳缝狭,明显点纹组成的横线纹在 10 μm 内 18~22 条。细胞长 11~70 μm,宽 7~40 μm。

生境:生长在稻田、水坑、池塘、湖泊、水库、河流、溪流、泉水、沼泽中(多为中性到碱性水体),常着生在沉水植物及其他基质上。国内外广泛分布。

卵形藻(图 3.62)

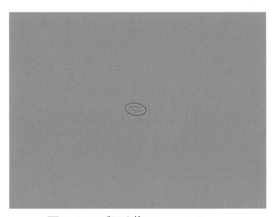

图 3.62　卵形藻 *Cocconeis* sp.

3.5.12　菱形藻属

植物体多为单细胞,或形成带状或星状的群体,或生活在分枝或不分枝的胶质管中,浮游或附着;细胞纵长,直或"S"形,壳面为线形、披针形,罕为椭圆形,两侧边缘缢缩或不缢缩,两端渐尖或钝,末端为楔形、喙状、头状或尖圆形;壳面的一侧具龙骨突起,龙骨突起上具管壳缝,管壳缝内壁具许多通入细胞内的小孔,称"龙骨点",龙骨点明显,上下两个壳的龙骨突起彼此交叉相对,具小的中央节和极节,壳面具横线纹;细胞壳面和带面不成直角,因此横断面呈菱形;色素体侧生,呈带状,2 个,少数为 4~6 个。

2 个母细胞原生质体分裂分别形成 2 个配子,成对配子结合形成 2 个复大孢子。

生长在淡水、咸水或海水中。

谷皮菱形藻（图 3.63）

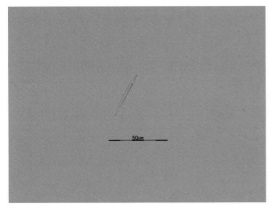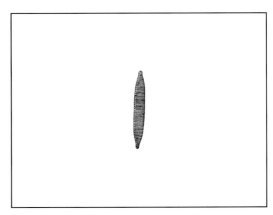

图 3.63　谷皮菱形藻 *Nitzschia palea*

形态：壳面线形、线形披针形，两侧边缘近平行，两端逐渐狭窄，末端为楔形；龙骨点在 10 μm 内有 10~15 个，横线纹细，在 10 μm 内有 30~40 条。细胞长 20~65 μm，宽 2.5~5.5 μm。

生境：生长在稻田、水坑、池塘、湖泊、水库、河流、溪流、温泉、沼泽中。国内外广泛分布。

拟螺形菱形藻（图 3.64）

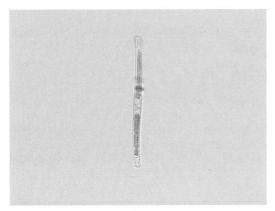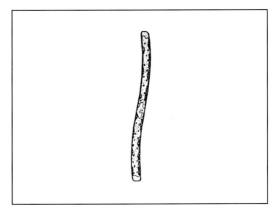

图 3.64　拟螺形菱形藻 *Nitzschia sigmoidea*

形态：细胞棍形，长 166~709 μm，宽 9~11 μm。两端单向渐尖，呈楔形。两端呈 "S" 形弯曲，其一端弯曲比另一端明显。龙骨突方形，在 10 μm 内有 5~6 个。点条纹细，在 10 μm 内有 24~27 条。

3.5.13 波缘藻属

植物体为单细胞,浮游;壳面为椭圆形、纺锤形、披针形或线形,呈横向上下波状起伏,上下两个壳面的整个壳缘由龙骨及翼状构造围绕,龙骨突起上具管壳缝,管壳缝通过翼沟与壳体内部相联系,翼沟间以膜相联系,构成中间间隙,壳面具粗的横肋纹,有时肋纹很短,使壳缘呈串珠状,肋纹间具横贯壳面细的横线纹,横线纹明显或不明显;壳体无间生带,无隔膜,带面力矩形或楔形,两侧具明显的波状皱褶;色素体呈片状,1个。

2个母细胞原生质体结合形成1个复大孢子。

此属种类很少,生长在淡水、半咸水中。

草鞋形波缘藻(图 3.65)

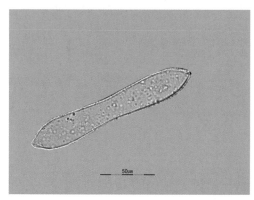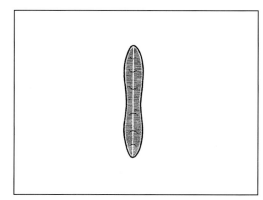

图 3.65 草鞋形波缘藻 *Cymatopleura solea*

形态:壳体宽线形、宽披针形,两侧中部缢缩,两端呈楔形,末端钝圆;龙骨点在 10 μm 内有 7~9 个,肋纹短,在 10 μm 内有 6~9 条,横线纹在 10 μm 内有 15~20 条。细胞长 30~300 μm,宽 10~40 μm。

生境:生长在稻田、水坑、池塘、湖泊、水库、河流、溪流、沼泽中,潮湿的岩壁上。国内外广泛分布。

3.6 裸藻门

裸藻门除胶柄藻属外,都是无细胞壁,有鞭毛,能自由游动的单细胞植物,以细胞纵裂的方式进行繁殖,大多数分布在淡水中,少数生长在半咸水中,很少生活在海水中。在有机质丰富的水中生长良好,是水质污染的指示植物。许多能异养生活。

本研究共发现裸藻门2种。

3.6.1　裸藻属

细胞形状多少能变,多为纺锤形或圆柱形,横切面为圆形或椭圆形,后端多少延伸呈尾状或具尾刺。表质柔软或半硬化,具螺旋形旋转排列的线纹。色素体有 1 个至多个,呈星形、盾形或盘形,蛋白核有或无。副淀粉粒呈小颗粒状,数量不等;或为定形大颗粒, 2 至多个。细胞核较大,中位或后位,鞭毛单条。眼点明显。多数具明显的裸藻状蠕动,少数不明显。大多数淡水产,极少数海产。

裸藻属一种 *Euglena* sp1.（**图 3.66**）

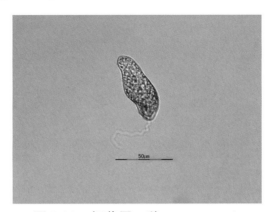

图 3.66　裸藻属一种 *Euglena* sp1.

形态:细胞易变形,常呈近带形,侧扁,有时呈扭曲状,前后两端为圆形,有时为截形。表质具自左向右的螺旋线纹。色素体为小圆盘形,多数,无蛋白核。副淀粉粒常具 1 个至多个呈杆形的大颗粒和许多呈卵形或杆形的小颗粒,有时仅有小颗粒而无大颗粒。核中位。鞭毛短,易脱落,为体长的 1/16~1/2 或更长。眼点明显,呈盘形或表玻形。细胞长 80~375 μm,宽 9~66 μm。

生境:生长于有机质丰富的各种小水体中。

裸藻属一种 *Euglena* sp2.（**图 3.67**）

图 3.67　裸藻属一种 *Euglena* sp2.

3.7 绿藻门

绿藻门（Chlorophyta），藻类植物的 1 门。本门约 8 600 种，从两极到赤道，从高山到平地均有分布，为绿色高等植物的祖先。

光合作用色素是叶绿素和 β 胡萝卜素及几种叶黄素，贮藏食物主要是淀粉，在生活史中，产生具有顶端着生的、多为 2~4 根、等长鞭毛的游泳细胞，有性生殖很普遍，为同配、异配或卵配。藻体有单细胞、群体、丝状体、叶状体、管状多核体等各种类型。

本门为库区分布种类最丰富的门类，共发现 60 种。

3.7.1 衣藻属

植物体为浮动单细胞。细胞为球形、卵形、椭圆形或宽纺锤形等，常不纵扁。细胞壁平滑，不具或具有胶被。细胞前端中央具或不具乳头状突起，具 2 条等长的鞭毛。鞭毛基部具 1 个或 2 个伸缩泡。具 1 个大型的色素体，多数呈杯状，少数呈片状、"H" 形或星状等，具 1 个蛋白核，少数具 2 个或多个。眼点位于细胞的一侧，橘红色。细胞核常位于细胞的中央偏前端，有的位于细胞中部或一侧。

营养繁殖时细胞进行纵分裂或横分裂，无性生殖，原生质体分裂产生 2~16 个动孢子，生长旺盛时期以无性生殖为主，繁殖很快；遇不良环境，形成胶群体，环境适合时，恢复游动单细胞状态。有性生殖为同配、异配，极少数种类为卵式生殖。

此属藻类多在有机质丰富的小水体中和潮湿土表上生长，少数特殊的种类在 4℃ 以下的冰雪中生长，呈红色、黄色或褐色。多在春秋两季大量生长。细胞内蛋白质含量可达 52%~58%（干重），可作为生产蛋白质的培养对象。沙角衣藻（*Chlamydomonas sajao*）能分泌大量细胞外胶质，Lewin 大量培养该种喷洒在美国加州南部荒漠上用以保水固土。

衣藻属是团藻目最大的 1 个类群，已报道的约 500 种（包括变种）。

不对称衣藻（图 3.68）

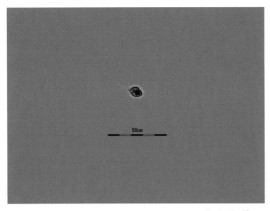

图 3.68　不对称衣藻 *Chlamydomonas asymmetrica*

　　形态：细胞为椭圆形，两侧不对称，右侧略平，左侧隆起；细胞壁柔软。细胞前端近右侧具 1 个大的、末端钝的乳头状突起，具 2 条等长的、不超过体长的鞭毛，基部具 2 个伸缩泡。色素体为片状，位于背部隆起一侧，中部具 1 个大的、球形蛋白核。细胞核位于近细胞基部右侧。细胞宽 9~11 μm，长 12~16 μm。

小球衣藻（图 3.69）

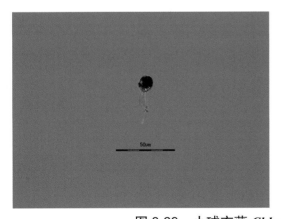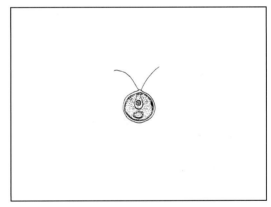

图 3.69　小球衣藻 *Chlamydomonas microsphaera*

　　形态：细胞呈球形，细胞壁较厚；细胞前端中央具 1 个小的、钝圆形的、明显的乳头状突起，具 2 条等长的长度约等于体长的鞭毛，基部仅可见 1 个伸缩泡。色素体大，呈杯状，基部明显加厚，基部具 1 个横的、广圆形的蛋白核。眼点大，点状，位于细胞的中部或稍偏于前端的一侧。细胞核位于细胞近中央偏前端。细胞直径为 8~19 μm。

3.7.2 四鞭藻属

单细胞,为球形、心形、卵形、椭圆形等,横断面为圆形;细胞壁明显,平滑。细胞前端中央有或无乳头状突起,具 4 条等长的鞭毛,基部具 2 个伸缩泡。色素体常为杯状,少数为"H"形或片状,具 1 个或数个蛋白核。有或无眼点。细胞单核。

营养繁殖为细胞分裂产生子细胞。无性繁殖形成 2~8 个动孢子;有性生殖为同配生殖、异配生殖,已知仅 1 种为卵式生殖。在生长旺盛时期,以连续进行细胞分裂为主,繁殖快。遇到不良环境时可形成胶群体,环境适宜时恢复运动。

常见于含有机质较多的小水体或湖泊的浅水区域,春秋两季大量生长。

线四鞭藻(图 3.70)

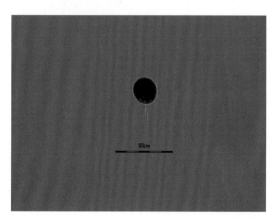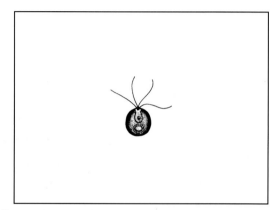

图 3.70　复线四鞭藻 *Carteria multifilis*

形态:细胞为广卵形至球形。细胞前端中央具 1 个小的、明显的乳头状突起,具 4 条约等于体长或为体长 1.75 倍的鞭毛,基部具 2 个伸缩泡。色素体呈杯状,基部明显增厚,达到细胞的中部,基部具 1 个大的、近球形的蛋白核;眼点位于细胞前端近 1/4 处。细胞核位于细胞近中央偏前端。细胞长 9~16 μm,宽 10~14 μm。

生境:各种小水体。

3.7.3 球粒藻属

单细胞,囊壳呈球形、卵形或椭圆形,横断面为圆形或椭圆形,常因具钙或铁的化合物沉积而呈黑褐色。原生质体小于囊壳,前端贴近囊壳,其间的空隙充满胶状物质,原生质体呈卵形或椭圆形, 2 条等长的鞭毛从囊壳前端的 1 个开孔伸出,基部具 2 个伸缩泡。色素体大,呈杯状,基部具 1 个蛋白核。具 1 个眼点或无。细胞核位于原生质体的中央。

营养繁殖为细胞分裂形成 4 个子细胞,子细胞形成囊壳后,由母细胞囊壳不规则破裂释出。有性生殖不详。曾观察到静孢子和厚壁休眠孢子。

全球报道 7 种,我国记载 1 种。

球粒藻(图 3.71)

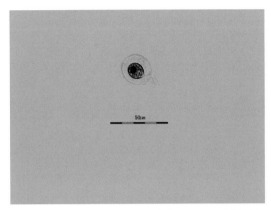
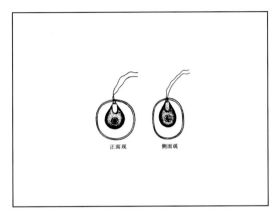

图 3.71　球粒藻 *Coccomonas orbicularis*

形态:囊壳略扁,侧面观椭圆形、宽椭圆形、宽卵形到心形,顶平直或略凹,基部钝圆,壳面平滑或具窝孔纹,黄色到褐色,横断面为椭圆形。原生质体小于囊壳,前端狭窄,前端贴近,后端远离,其间的空隙充满胶状物质。原生质体呈卵形,前端中央具乳头状突起,两条等长的、约等于体长的鞭毛从囊壳的 1 个开孔伸出,鞭毛基部具 2 个伸缩泡。色素体大,呈杯状,基部明显增厚,基部具 1 个圆形的蛋白核。眼点位于原生质体前端约 1/3 处。细胞宽 17~19 μm,长 17~25 μm,厚 16~17 μm;原生质体宽 8~10 μm,长 14~14.5 μm。

生境:湖泊、水库。

3.7.4　盘藻属

群体呈板状,方形,由 4~32 个细胞组成,排列在 1 个平面上,具胶被。群体细胞的个体胶被明显,彼此由胶被部分相连,呈网状,中央具 1 个大的空腔。群体细胞形态构造相同,为球形、卵形或椭圆形,前端具 2 条等长的鞭毛,基部具 2 个伸缩泡。色素体大,呈杯状,近基部具 1 个蛋白核。1 个眼点,位于细胞近前端。

无性生殖为群体内的所有细胞都能进行分裂,形成似亲群体。从群体破裂释出的单个细胞,可发育成厚壁孢子或胶群体。有性生殖为同配或异配生殖。

常生长在浅水湖及池塘中。在有机质多的水体中能大量繁殖。

全球已知 7 种,我国目前报道 3 种。

盘藻(图 3.72)

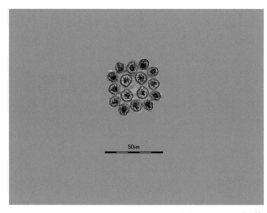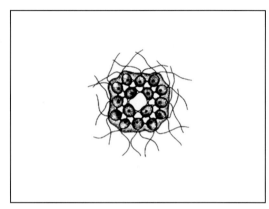

图 3.72　盘藻 *Gonium pectorale*

形态:群体绝大多数由 16 个细胞组成,少数由 4 个或 8 个细胞组成,排列在一个平面上,呈方形、板状;具有 16 个细胞的群体,排成两层,外层 12 个细胞,其纵轴与群体平面平行,内层 4 个细胞,其纵轴与群体平面垂直。群体胶被内各细胞的个体胶被明显,彼此由很短的胶被突起相连,细胞彼此不远离,群体中央具 1 个大的空腔,外层细胞和内层细胞之间具许多小的空腔。细胞宽椭圆形到略为倒卵形,前端具 2 条等长的鞭毛,基部具 2 个伸缩泡。色素体大,呈杯状,近基部具 1 个大的蛋白核。眼点位于细胞的近前端。群体直径为 28~90 μm;细胞长 5~14 μm,宽 5~16 μm。

生境:沼泽、水沟和池塘中常见。

3.7.5　实球藻属

定形群体具胶被,呈球形或短椭圆形,多由 8 个、16 个、32 个(常为 16 个)细胞组成,罕见 4 个细胞组成的。群体细胞彼此紧贴,位于群体中心,细胞间常无空隙,或仅在群体的中心有小的空间。细胞为球形、倒卵形或楔形,前端中央具 2 条等长的鞭毛,基部具 2 个伸缩泡。色素体多数为杯状,少数为块状或长线状,具 1 个或数个蛋白核和 1 个眼点。无性生殖时群体内所有的细胞都能进行分裂,每个细胞形成 1 个似亲群体。有性生殖为同配和异配生殖。

常见于有机质含量较多的浅水湖泊和鱼池中。

全球已知 4 种,我国记录 1 种。

实球藻（图 3.73）

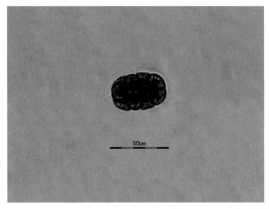 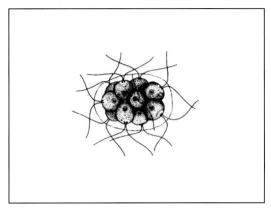

图 3.73　实球藻 *Pandorina morum*

　　形态：群体呈球形或椭圆形，由 4 个、8 个、16 个、32 个细胞组成。群体胶被边缘狭；群体细胞互相紧贴在群体中心，常无空隙，或仅在群体中心有小的空间。细胞呈倒卵形或楔形，前端钝圆，向群体外侧，后端渐狭。前端中央具 2 条等长的、约为体长 2 倍的鞭毛，基部具 2 个伸缩泡。色素体杯状，在基部具 1 个蛋白核。眼点位于细胞的近前端一侧，群体直径为 20~60 μm；细胞直径为 7~17 μm。

　　生境：广泛分布于各种小水体。

3.7.6　空球藻属

　　定形群体呈椭圆形，罕见球形，由 16 个、32 个、64 个（常为 32 个）细胞组成，群体细胞彼此分离，排列在群体胶被周边，群体胶被表面平滑或具胶质小刺，个体胶被彼此融合。细胞呈球形，壁薄，前端向群体外侧，中央具 2 条等长的鞭毛，基部具 2 个伸缩泡。色素体多呈杯状，仅 1 个种色素体为长线状，具 1 个或数个蛋白核。眼点位于细胞前端。

　　无性生殖为群体细胞分裂产生似亲群体。有性生殖为异配生殖，2 条鞭毛的雄配子呈纺锤形，2 条鞭毛的雌配子呈球形，雄配子游入雌配子群内，结合形成合子。

　　常见于有机质丰富的小水体内。

　　已知 6 种，我国报道 2 种。

空球藻(图 3.74)

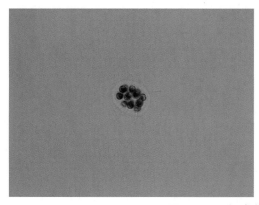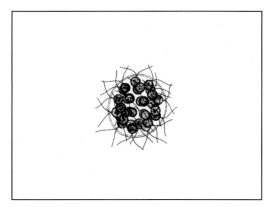

图 3.74　空球藻 *Eudorina elegans*

形态:群体具胶被,呈椭圆形或球形,由 16 个、32 个、64 个(常为 32 个)细胞组成。群体细胞彼此分离,排列在群体胶被周边,群体胶被表面平滑。细胞呈球形,壁薄,前端向群体外侧,中央具 2 条等长的鞭毛,基部具 2 个伸缩泡。色素体大,呈杯状,有时充满整个细胞,具数个蛋白核。眼点位于细胞近前端一侧。群体直径为 50~200 μm;细胞直径为 10~24 μm。

生境:广泛分布于世界各个国家和地区。

3.7.7　团藻属

定形群体具胶被,呈球形、卵形或椭圆形,由 512 个至数万个(50 000)细胞组成。群体细胞彼此分离,排列在无色的群体胶被周边,个体胶被彼此融合或不融合。成熟的群体细胞,分化成营养细胞和生殖细胞,群体细胞间具或不具细胞质连丝。成熟的群体常包含若干个幼小的子群体。群体细胞为球形、卵形、扁球形、多角形、楔形或星形,前端中央具 2 条等长的鞭毛,基部具 2 个伸缩泡。色素体杯状、碗状或盘状,具 1 个蛋白核。眼点位于细胞的近前端一侧。细胞核位于细胞的中央。

无性生殖为群体长到较成熟时,群体一端的有些细胞形成繁殖胞,位于球形的胶质囊内,体积增大,比营养细胞大 10 倍或更多,失去眼点和鞭毛,色素体内具数个蛋白核,每个繁殖胞行垂直分裂形成 8 个、16 个或更多个细胞,具鞭毛的一端向群体内侧,为皿状体,经过翻转,发育成子群体,破裂后,子群体释出。有性生殖为卵式生殖,细胞先经过细胞分裂形成皿状体阶段,再经过翻转过程,形成盘状或球状的精子囊,每个精子囊有 16~512 个纺锤形具 2 条鞭毛的精子,群体中的大多数细胞或全部细胞都可以产生游动精子,每个群体仅很少数细胞形成卵细胞,精子与卵细胞结合形成合子,合子壁平滑或具花纹。

常产于有机质含量较多的浅水水体中,春季常大量繁殖。

此属有 7 种,我国报道 4 种。

非洲团藻(图 3.75)

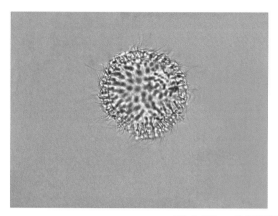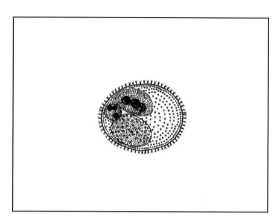

图 3.75　非洲团藻 *Volvox africanus*

形态:群体具胶被,呈卵形,由 3 000~8 000 个细胞组成,群体细胞彼此分离,排列在群体胶被周边。雄性群体通常为椭圆形;成熟群体细胞间无细胞质连丝。细胞为卵形,前端中央具 2 条等长的鞭毛,基部具 2 个伸缩泡。色素体呈杯状,基部具 1 个或数个小的蛋白核。眼点位于细胞近前端的一侧。雌雄同株或雌雄异株,雌性群体一般具 20~400 个卵细胞,合子壁平滑。群体直径为 120~560 μm;细胞直径为 4~9 μm。

生境:湖泊、池塘。

3.7.8　球囊藻属

植物体为球形的胶群体,由 2 个、4 个、8 个、16 个或 32 个细胞组成,各细胞以等距离规律地排列在群体胶被的四周,漂浮;群体细胞为球形,细胞壁明显,色素体周生,呈杯状,在老细胞中则充满整个细胞,具 1 个蛋白核。

无性生殖产生动孢子和似亲孢子,常有部分细胞分裂产生 4 个或 8 个子细胞在母群体中具有自己的胶被,形成子群体。

生长在各种淡水水体中的真性浮游性种类。此属仅 1 种。

球囊藻（图 3.76）

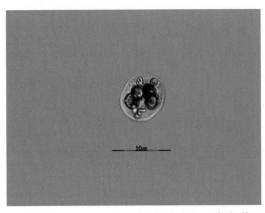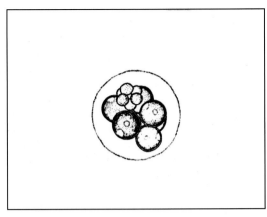

图 3.76　球囊藻 *Sphaerocystis schroeteri*

形态：群体球形，由 2 个、4 个、8 个、16 个或 32 个细胞组成的胶群体，胶被无色、透明，或由于铁的沉淀而呈黄褐色，漂浮；群体细胞为球形，色素体周生，呈杯状，具 1 个蛋白核。群体直径为 34~500 μm，细胞直径为 6~22 μm。

生境：生长在水坑、稻田、池塘、湖泊中。国内外广泛分布。

3.7.9　多芒藻属

植物体为单细胞，有时聚集成群，浮游；细胞为球形，细胞壁表面具许多排列不规则的纤细短刺，色素体周生，呈杯状，1 个；具 1 个蛋白核。无性生殖产生动孢子或似亲孢子，动孢子具 4 条鞭毛。有性生殖为卵式生殖。

多生长于有机物质较多的浅水湖泊、池塘中。

多芒藻（图 3.77）

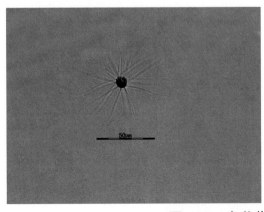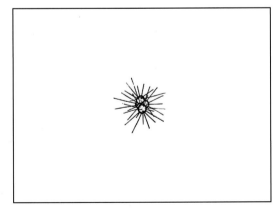

图 3.77　多芒藻 *Golenkinia radiate*

形态：单细胞，有时聚集成群；细胞为球形，细胞壁表面具许多纤细长刺，色素体1个，充满整个细胞，蛋白核1个。细胞直径为7~18 μm，刺长为20~45 μm。

生境：生长在各种富营养的小水体中。国内外广泛分布。

疏刺多芒藻（图3.78）

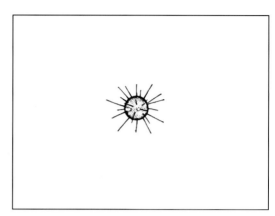

图 3.78　疏刺多芒藻 *Golenkinia paucispina*

形态：单细胞，细胞为球形，具稀疏纤细的短刺；色素体呈杯状，1个，充满整个细胞，具1个明显的蛋白核。细胞直径为7~19 μm，刺长8~18 μm。

生境：生长在各种富营养的小水体中。普遍分布。

3.7.10　小桩藻属

植物体为单细胞，单生或群生，有时密集成层，着生；细胞为纺锤形、椭圆形、圆柱形、长圆形、卵形、长卵形或近球形等，前端钝圆或尖锐，或由顶端细胞壁延伸成为圆锥形或刺状突起；下端细胞壁延长成为柄，柄的基部常膨大为盘状或小球形的固着器；色素体周生，呈片状，1个，具1个蛋白核，细胞幼时单核，随着细胞的成长，色素体分散，细胞核连续分裂成多数，可达128个，蛋白核的数目也随着增加。

无性生殖产生动孢子，每个母细胞可形成8个、16个、32个、64个以至128个具双鞭毛的动孢子。

此属藻类生活于各种类型的水体中，着生于丝状藻类、水生高等植物、甲壳动物等基质上。

近直立小桩藻(图 3.79)

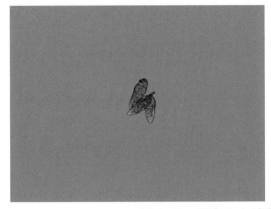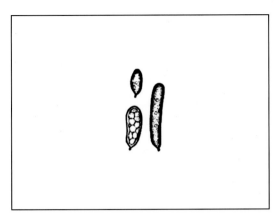

图 3.79　近直立小桩藻 *Characium substrictum*

形态:单细胞,单生或多个丛生;幼小细胞椭圆形到长椭圆形,随着细胞的成长逐渐成为线状长圆形或圆柱形,上端钝圆或广圆形,下端略尖细,常不对称,具极粗短的柄,其末端略膨大;色素体为鲜绿色,最初单个,具 1 个蛋白核,后分裂成多个。细胞长 32~43 μm,宽 7~10 μm。

生境:生长在池塘中,着生于基质上。

3.7.11　顶棘藻属

植物体单细胞,浮游;细胞为椭圆形、卵形、柱状长圆形或扁球形,细胞壁薄,细胞的两端或两端和中部具有对称排列的长刺,刺的基部具或不具结节,色素体周生,为片状或盘状,1 到数个,各具 1 个蛋白核或无。

无性生殖产生 2 个、4 个、8 个似亲孢子,似亲孢子自母细胞壁开裂处逸出,细胞壁上的刺常在离开母细胞之后长出,罕见产生动孢子。有性生殖仅报道过 1 种为卵式生殖。

常见于小型淡水水体中,也有的生长在半咸水中。

纤毛顶棘藻(图 3.80)

形态:单细胞,长卵形,两端钝圆,细胞两端各具 6~8 条长刺,辐射状排列;色素体周生,为片状, 1~4 个,各具 1 个蛋白核。细胞长 10~21 μm,宽 6~18 μm,刺长 15~20 μm。

无性生殖产生 2 个、4 个或 8 个似亲孢子。

生境:生长在较肥沃的小水体中。国内外普遍分布。

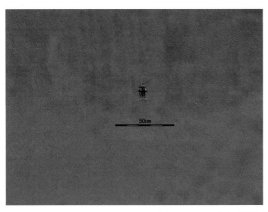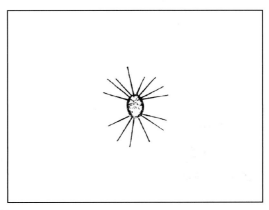

图 3.80　纤毛顶棘藻 *Chodatella ciliata*

四刺顶棘藻(图 3.81)

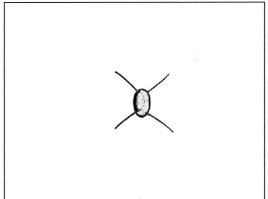

图 3.81　四刺顶棘藻 *Chodatella quadriseta*

形态:单细胞,细胞为卵圆形、柱状长圆形,细胞两端各具 2 条从左右两端斜向伸出的长刺,色素体周生,为片状, 2 个,无蛋白核。细胞长 6~10 μm,宽 4~6 μm;刺长 15~20 μm。

无性生殖产生 2 个、4 个或 8 个似亲孢子。

生境:常见于有机质丰富的池塘中。

3.7.12　四角藻属

植物体为单细胞,浮游;细胞扁平或为角锥形,具 3 个、4 个或 5 个角,角分叉或不分叉,角延长成突起或无,角或突起顶端的细胞壁常突出为刺;色素体周生,盘状或多角片状,1 个到多个,各具 1 个蛋白核或无。

无性生殖产生 2 个、4 个、8 个、16 个或 32 个似亲孢子,也有产生动孢子的。

常见于各种静水水体中,以水坑、池塘、沼泽及湖泊的浅水港湾中较多。

微小四角藻（图 3.82）

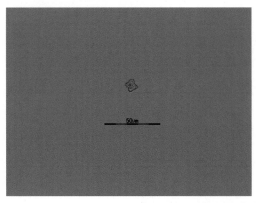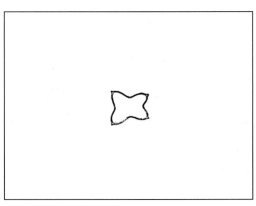

图 3.82　微小四角藻 *Tetraedron minimum*

形态:单细胞,扁平,正面观为四方形,侧缘凹入,有时一对边缘比另一对的更内凹,角为圆形,角顶罕具一小突起,侧面观为椭圆形,细胞壁平滑或具颗粒;色素体为片状,1 个;具 1 个蛋白核。细胞宽 6~20 μm,厚 3~7 μm。

无性生殖产生 4 个、8 个或 16 个似亲孢子。

生境:生长在池塘、湖泊中。国内外广泛分布。

3.7.13　蹄形藻属

植物体为群体,通常 4 个或 8 个细胞为一组,多数包被在胶质的群体胶被中,浮游;细胞为新月形、半月形、蹄形、镰形或圆柱形,两端尖细或钝圆,色素体周生,呈片状,1 个,除细胞凹侧中部外充满整个细胞,具 1 个蛋白核。

无性生殖常产生 4 个,有时 8 个似亲孢子。在同一群体内常包含第二代产生的个体。

生长在湖泊、池塘、水库、沼泽中的浮游种类。

肥壮蹄形藻（图 3.83）

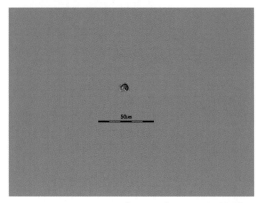

图 3.83　肥壮蹄形藻 *Kirchneriella obesa*

形态:群体由 4 个或 8 个细胞为一组不规则地排列在球形群体的胶被中,群体细胞多以外缘凸出部分朝向共同的中心;细胞为蹄形或近蹄形,肥壮,两端略细,钝圆,两侧中部近于平行,色素体呈片状,一个,充满整个细胞具 1 个蛋白核。群体直径为 30~80 μm,细胞长 6~12 μm,宽 3~8 μm。

生境:常见于湖泊、池塘中,数量常较少。国内外普遍分布。

3.7.14 纤维藻属

形态:植物体为单细胞,2 个、4 个、8 个、16 个或更多个细胞聚集成群,浮游,罕为附着在基质上;细胞呈纺锤形、针形、弓形、镰形或螺旋形等多种形状,直或弯曲,自中央向两端逐渐尖细,末端尖,罕为钝圆的,色素体周生,呈片状,1 个,占细胞的绝大部分,有时裂为数片,具 1 个蛋白核或无。

无性生殖产生 2 个、4 个、8 个、16 个、32 个似亲孢子。

常生长在较肥沃的小水体中,为各种水体类型中的常见类。

狭形纤维藻(**图 3.84**)

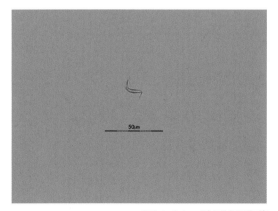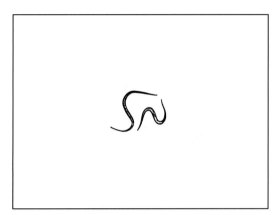

图 3.84　狭形纤维藻 *Ankistrodesmus angustus*

形态:单细胞,或数个细胞稀疏地聚集成群;细胞呈螺旋状盘曲,多为 1~2 次旋转,自中部向两端逐渐狭窄,两端极尖锐,色素体呈片状,1 个,除在细胞中央凹入处具一曲口外,几乎充满细胞内壁,无蛋白核。细胞长 24~60 μm,宽 1.5~3 μm。

生境:普遍分布。

镰形纤维藻(图 3.85)

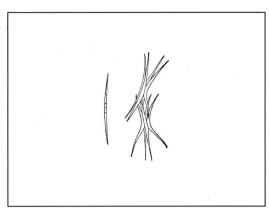

图 3.85　镰形纤维藻 *Ankistrodesmus falcatus*

形态:单细胞,或多由 4 个、8 个、16 个或更多个细胞聚集成群,常在细胞中部略凸出处互相贴靠,并以其长轴互相平行成为束状;细胞为长纺锤形,有时略弯曲呈弓形或镰形,自中部向两端逐渐尖细,色素体呈片状, 1 个,具 1 个蛋白核,细胞长 20~80 μm,宽 1.5~4 μm。

生境:生长于水坑、池塘、湖泊、水库中的浮游种类,有时大量生长,国内外广泛分布。

3.7.15　卵囊藻属

植物体为单细胞或群体,群体常由 2 个、4 个、8 个或 16 个细胞组成,包被在部分胶化膨大的母细胞壁中;细胞为椭圆形、卵形、纺锤形、长圆形、柱状长圆形等,细胞壁平滑,或在细胞两端具短圆锥状增厚,细胞壁扩大和胶化时,圆锥状增厚不胶化,色素体周生,呈片状、多角形块状、不规则盘状, 1 个或多个,每个色素体具 1 个蛋白核或无。

无性生殖产生 2 个、4 个、8 个或 16 个似亲孢子。

绝大多数是浮游种类,生长于各种淡水水体中,在有机质较多的小水体和浅水湖泊中常见。

湖生卵囊藻(图 3.86)

形态:群体常由 2 个、4 个、8 个细胞包被在部分胶化膨大的母细胞壁内组成,单细胞的极少,浮游;细胞为椭圆形或宽纺锤形,两端微尖并具短圆锥增厚,色素体呈片状,1~4 个,各具 1 个蛋白核。细胞长 14~32 μm,宽 8~22 μm。

生境:生长在池塘、湖泊中,常见,但数量较少。国内外广泛分布。

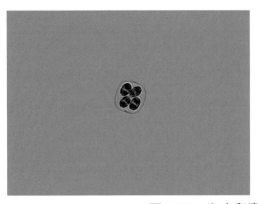
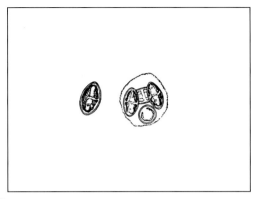

图 3.86　湖生卵囊藻 *Oocystis lacustris*

波吉卵囊藻（**图 3.87**）

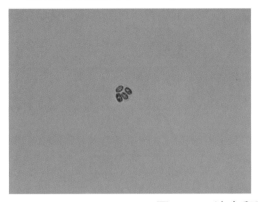
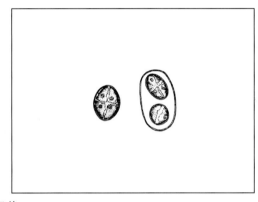

图 3.87　波吉卵囊藻 *Oocystis borgei*

形态:群体呈椭圆形,由 2 个、4 个、8 个细胞包被在部分胶化膨大的母细胞壁内组成,或为单细胞,浮游;细胞呈椭圆形或略呈卵形,两端广圆,色素体呈片状,幼时常为 1 个,成熟后具 2~4 个,各具 1 个蛋白核。细胞长 10~30 μm,宽 9~15 μm。

生境:生长在有机质丰富的小水体和浅水湖泊中。较常见的普生种类。

卵囊藻（**图 3.88**）

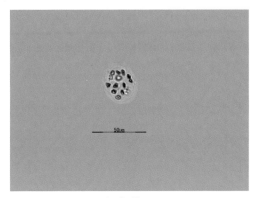

图 3.88　卵囊藻 *Oocystis* sp.

3.7.16　肾形藻属

植物体常为由 2 个、4 个、8 个或 16 个细胞组成的群体,群体细胞包被在母细胞壁胶化的胶被中,常呈螺旋状排列,浮游;细胞呈肾形、卵形、新月形、半球形、柱状长圆形或长椭圆形等,弯曲或略弯曲,色素体周生,呈片状, 1 个,随细胞的成长而分散充满整个细胞,具 1 个蛋白核,常具多数淀粉颗粒。

无性生殖产生似亲孢子,孢子形成后保留在母细胞壁内一段时间。

生长在浅水湖泊和小型水体中。

肾形藻(**图 3.89**)

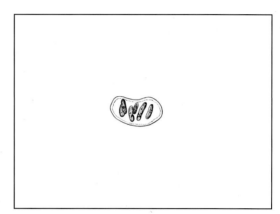

图 3.89　肾形藻 *Nephrocytium agardhianum*

形态:群体具 2 个、4 个或 8 个细胞;细胞肾形,一侧略凹入,另一侧略凸出,两端钝圆,色素体呈片状, 1 个,随细胞的成长而分散充满整个细胞,具 1 个蛋白核。细胞长 6~28 μm,宽 2~12 μm。

无性生殖产生似亲孢子。

生境:常生长于肥沃的湖泊沿岸带和池塘中。普遍分布。

3.7.17　盘星藻属

植物体为真性定形群体,由 4 个、8 个、16 个、32 个、64 个或 128 个细胞排列成为一层细胞厚的扁平盘状、星状群体,群体无穿孔或具穿孔,浮游;群体边缘细胞常具 1 个、2 个、4 个突起,有时突起上具长的胶质毛丛,群体边缘内的细胞为多角形,细胞壁平滑、具颗粒、细网纹,幼细胞的色素体周生、呈圆盘状, 1 个,具 1 个蛋白核,随细胞的成长色素体分散,具 1 个到多个蛋白核,成熟细胞具 1 个、2 个、4 个或 8 个细胞核。

无性生殖产生动孢子。

生长在水坑、池塘、湖泊、水库、稻田和沼泽中。

单角盘星藻（图 3.90）

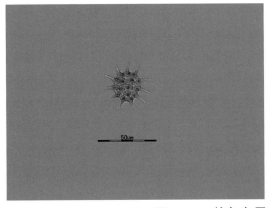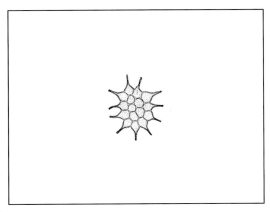

图 3.90　单角盘星藻 *Pediastrum simplex*

形态：真性定形群体，由 16 个、32 个或 64 个细胞组成，群体细胞间无穿孔；群体边缘细胞常为五边形，其外壁具 1 个圆锥形的角状突起，突起两侧凹入，群体内层为五边形或六边形，细胞壁常具颗粒。细胞（不包括角状突起）长 12~18 μm，宽 12~18 μm。

生境：在湖泊、池塘中常见的真性浮游种类。

单角盘星藻具孔变种（图 3.91）

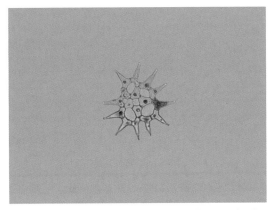

图 3.91　单角盘星藻具孔变种 *Pediastrum simplex* **var. *duodenarium***

形态：此变种与原变种的不同为真性定形群体细胞间具穿孔；群体边缘细胞内的细胞为三角形。细胞长 27~28 μm，宽 11~15 μm。

生境：在湖泊、池塘中常见的真性浮游种类。

整齐盘星藻（图 3.92）

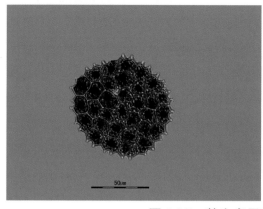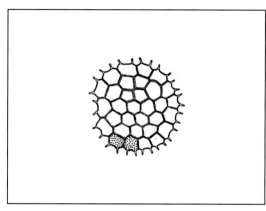

图 3.92　整齐盘星藻 *Pediastrum integrum*

形态：真性定形群体,由 4 个、8 个、16 个、32 个或 64 个细胞组成,群体细胞间无穿孔;细胞常为五边形,群体边缘细胞外壁平整或具 2 个退化的短突起,两个短突起间的细胞壁略凹入,细胞壁常具颗粒。细胞长 15~22 μm,细胞宽 16~25 μm。

生境：生长在湖泊、池塘中常见的真性浮游种类。

二角盘星藻纤细变种（图 3.93）

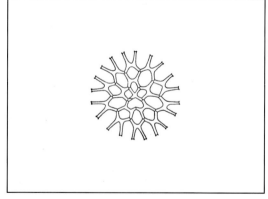

图 3.93　二角盘星藻纤细变种 *Pediastrum duplex* var. *gracillimum*

形态：群体具大的穿孔,细胞狭长,群体边缘细胞具 2 个长突起,其宽度相等;群体内层细胞与边缘细胞相似。细胞长 12~32 μm,宽 10~22 μm。

生境：池塘、湖泊中常见的真性浮游种类。国内外广泛分布。

短棘盘星藻（图 3.94）

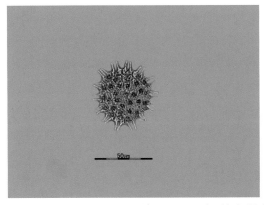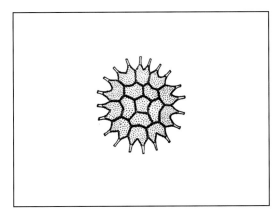

图 3.94　短棘盘星藻 *Pediastrum boryanum*

　　形态：真性定形群体由 4 个、8 个、16 个、32 个或 64 个细胞组成，群体无穿孔；群体细胞为五边形或六边形，边缘细胞外壁具 2 个钝的角状突起，以细胞侧壁和基部与邻近细胞连接，细胞壁具颗粒。细胞长 15~21 μm，宽 10~14 μm。

　　生境：在湖泊、池塘中常见的真性浮游种类。国内外广泛分布。

四角盘星藻（图 3.95）

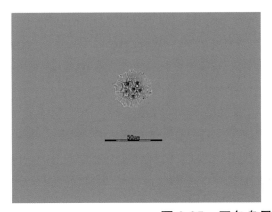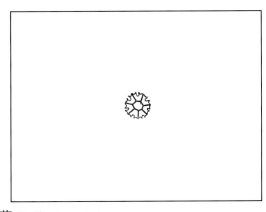

图 3.95　四角盘星藻 *Pediastrum tetras*

　　形态：真性定形群体，由 4 个、8 个、16 个或 32 个（常为 8 个）细胞组成，群体细胞间无穿孔；群体边缘细胞的外壁具 1 线形到楔形的深缺刻而分成 2 个裂片，裂片外侧浅或深凹入，群体内层细胞为五边形或六边形，具一深的线形缺刻，细胞壁平滑。细胞长 8~16 μm，宽 8~16 μm。

　　生境：湖泊、池塘中真性浮游种类。

3.7.18　十字藻属

植物体为真性定形群体,由 4 个细胞排成椭圆形、卵形、方形或长方形,群体中央常具或大或小的方形空隙,常具不明显的群体胶被,子群体常为胶被粘连在一个平面上,形成板状的复合真性定形群体;细胞为梯形、半圆形、椭圆形或三角形,色素体周生,呈片状,1 个,具 1 个蛋白核。

无性生殖产生似亲孢子。

生长在湖泊、池塘中,浮游。

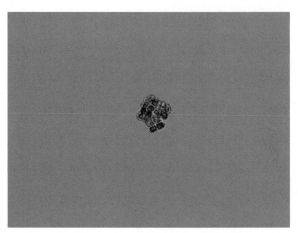

图 3.96　十字藻 Crucigenia sp.

3.7.19　栅藻属

真性定型群体,常由 4 个或 8 个细胞组成,有时由 2 个、16 个或 32 个细胞组成,绝少为单个细胞的,群体中的各个细胞以其长轴互相平行、其细胞壁彼此连接排列在一个平面上,互相平齐或互相交错,也有排成上下两列或多列,罕见仅以其末端相接呈屈曲状;细胞为椭圆形、卵形、弓形、新月形、纺锤形或长圆形等,细胞壁平滑,或具颗粒、刺、细齿、齿状凸起、隆起线或帽状增厚等构造,色素体周生,呈片状,1 个,具 1 个蛋白核。

无性生殖产生似亲孢子。

在淡水中极为常见的浮游藻类,静水小水体更适合此属各种的生长繁殖。

双对栅藻（图 3.97）

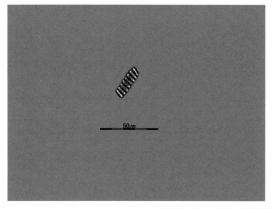

图 3.97　双对栅藻 *Scenedesmus bijuga*

形态：真性定形群体扁平，由 2 个、4 个或 8 个细胞组成，各细胞排列成一直线（偶尔亦有作交错排列的）。细胞为卵形或长椭圆形，两端宽圆。细胞壁平滑。4 个细胞的群体宽 16~25 μm；细胞长 7~18 μm，宽 4~6 μm。

生境：各种静止水体中均有生长。

尖细栅藻（图 3.98）

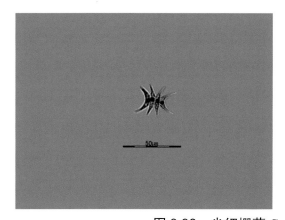
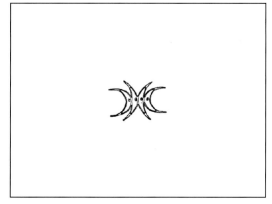

图 3.98　尖细栅藻 *Scenedesmus acuminatus*

形态：真性定形群体由 4 个或 8 个细胞组成，群体细胞不排列成一直线，以中部侧壁互相连接；细胞为弓形、纺锤形或新月形，每个细胞的上下两端逐渐尖细，细胞壁平滑。4 个细胞群体宽 7~14 μm，细胞长 19~40 μm，宽 3~7 μm。

生境：生长在各种小水体中。国内外广泛分布。

斜生栅藻（图 3.99）

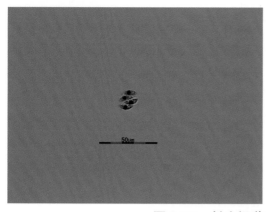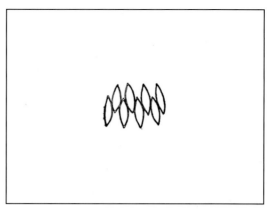

图 3.99　斜生栅藻 *Scenedesmus obliquus*

形态:真性定形群体扁平,有 2 个、4 个或 8 个细胞组成,常为 4 个细胞组成的,群体细胞并列直线排列成一列或略作交互排列。细胞为纺锤形,两端尖细;两侧细胞的游离面有时凹入,有时凸出。细胞壁平滑。4 个细胞的群体宽 12~34 μm;细胞长为 10~21 μm,宽为 3~9 μm。

生境:生长在各种静水小水体中。为极常见的浮游种类,国内外广泛分布。

扁盘栅藻（图 3.100）

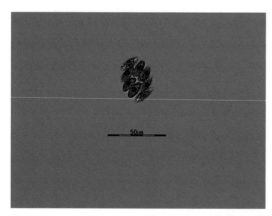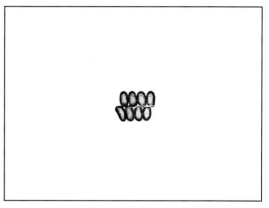

图 3.100　扁盘栅藻 *Scenedesmus platydiscus*

形态:真性定形群体扁平,常由 8 个细胞组成(有时亦有 2 个或 4 个细胞组成的)排列成上下 2 列;上下 2 列细胞交互相嵌组合,有时形成极小的空隙,也有由 4 个或 16 个细胞组成的;细胞为长椭圆形或柱状长圆形,细胞壁平滑。8 个细胞的群体宽 17~30 μm;细胞长 8~20 μm,宽 3.5~10 μm。

生境:生长在各种浅水湖泊、池塘、水坑中,常与别的栅藻混生。国内外普遍分布。

四尾栅藻（图 **3.101**）

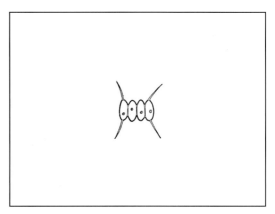

图 3.101　四尾栅藻 *Scenedesmus quadricanda*

　　形态：真性定形群体扁平，有 2 个、4 个、8 个或 16 个细胞组成，常为 4 个或 8 个细胞组成的。群体细胞并列直线排成一列；细胞为长圆形、圆柱形或卵形，细胞上下两端广圆。群体外侧细胞的上下两端各具一向外斜向的直或略弯曲的刺，细胞壁平滑。4 个细胞的群体宽 14~24 μm；细胞长 8~16 μm，宽 3.5~6 μm，刺长 10~13 μm。

　　生境：生长在各种水体中，国内外广泛分布。夏秋能大量繁殖。

多棘栅藻（图 **3.102**）

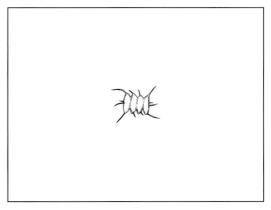

图 3.102　多棘栅藻 *Scenedesmus spinosus*

　　形态：真性定形群体，常由 4 个细胞组成，群体细胞并列直线排成一列，罕见交错排列的；细胞长椭圆形或椭圆形，群体外侧细胞上下两端各具一向外斜向的直或略弯曲的刺，其外侧壁中部常具 1~3 条较短的刺，两中间细胞上下两端无刺或具很短的棘刺。4 个细胞的群体宽 14~24 μm，细胞长 8~16 μm，宽 3.5~6 μm。

生境：生长在各种小水体中。国内外普遍分布。

双棘栅藻（图 3.103）

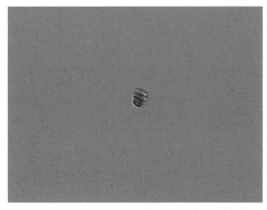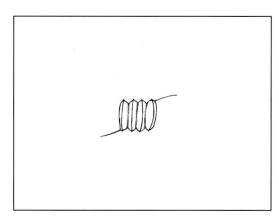

图 3.103　双棘栅藻 *Scenedesmus bicaudatus*

形态：定形群体扁平，由 2 或 4 个细胞组成。细胞长圆形，直线排列为一行。外侧细胞仅一端具长刺，且着生方向相反。细胞长 9~10 μm，宽 2.5~4 μm，刺长 7~8 μm。

二形栅藻（图 3.104）

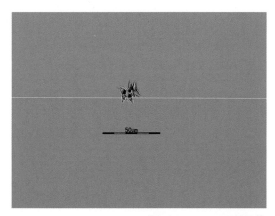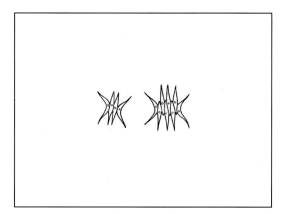

图 3.104　二形栅藻 *Scenedesmus dimorphus*

形态：真性定形群体扁平，由 4 个或 8 个细胞组成，常为 4 个细胞组成的，群体细胞直线并列排成一行或互相交错排列；中间部分的细胞为纺锤形，上下两端渐尖，直，两侧细胞极少垂直，为镰形或新月形，上下两端渐尖。细胞壁平滑。4 个细胞的群体宽 11~20 μm；细胞长 16~23 μm，宽 3~5 μm。

生境：生长在各静水小水体中，多与其他种类的栅藻混生。国内外广泛分布。

栅藻

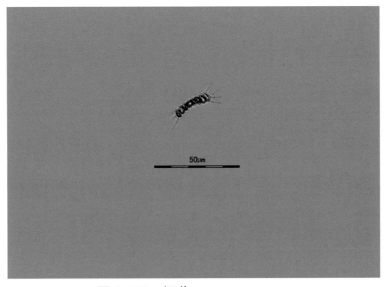

图 3.105　栅藻 *Scenedesmus* sp.

3.7.20　韦斯藻属

　　植物体为复合真性定型群体,各群体间以残存的母细胞壁相连,有时具胶被,群体由 4 个细胞四方形排列在一个平面上,各个细胞间以其细胞壁紧密相连;细胞为球形,细胞壁平滑,色素体周生,呈杯状,1 个,老细胞的色素体常略分散,具 1 个蛋白核。

　　无性生殖产生似亲孢子,每个母细胞的原生质体同时分裂成 4 个,有时为 8 个,产生 8 个似亲孢子时,则形成 4 个细胞的定形群体两个。

丛球韦斯藻（图 3.106）

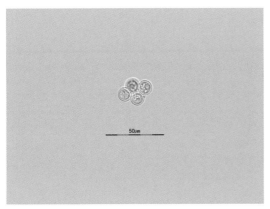
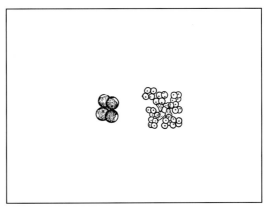

图 3.106　丛球韦斯藻 *Westella botryoides*

形态:真性定形群体由 4 个细胞四方形排列在一个平面上,各个细胞间以其细胞壁紧密相连,各群体间以残存的母细胞壁相连成为复合的群体;细胞为球形,细胞壁平滑。细胞直径为 3~9 μm。

生境:湖泊中的真性浮游藻种类,特别是软水湖泊中数量较多。

3.7.21 四豆藻属

群体由四个细胞组成,包裹于群体胶被中。细胞为卵形或球形,具两条等长鞭毛,一个眼点,两个伸缩泡位于鞭毛基部,一个大的杯状色素体上具蛋白核。有性生殖同配,四豆藻属中所有细胞均由于群体胶质而相互靠近紧贴。

简单四豆藻(图 3.107)

图 3.107　简单四豆藻 *Tetrabaena socialis*

形态:群体呈方形排列,边长 13~40 μm,具胶被,4 个细胞分别位于方形的四个角,所有细胞均朝向同一个方向。细胞为卵形,直径为 6~17 μm。每个细胞具两条等长鞭毛,一个眼点,两个位于鞭毛基部的伸缩泡,一个大的杯状色素体在其基部,具 1 或 2 个蛋白核。

无性生殖群体内每个细胞分裂形成新的子代群体。

3.7.22 四星藻属

植物体为真性定形群体,由 4 个细胞组成四方形或十字形,并排列在一个平面上,中心具或不具小间隙,各个细胞间以其细胞壁紧密相连,罕见形成复合的真性定形群体;细胞球形、卵形、三角形或近三角锥形,其外侧游离面凸出或略凹入,细胞壁具颗粒或具 1~7 条或长或短的刺,色素体周生,呈片状或盘状,1~4 个,具蛋白核或有时无。

76

无性生殖产生似亲孢子,每个母细胞的原生质体十字形分裂形成4个似亲孢子,孢子在母细胞内排成四方形、十字形,经母细胞壁破裂释放。

生长在湖泊、池塘中,浮游。

四星藻(图3.108)

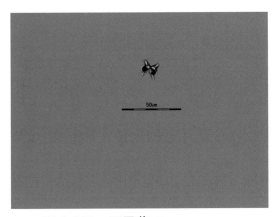

图 3.108　四星藻 *Tetrastrum* sp.

3.7.23　微芒藻属

植物体由4个、8个、16个、32个或更多的细胞组成,排成四方形、角锥形或球形,细胞有规律地互相聚集,无胶被,有时形成复合群体;细胞多为球形或略扁平,细胞外侧的细胞壁具1~10条长粗刺,色素体周生,呈杯状,1个,具1个蛋白核或无。

无性生殖产生似亲孢子,每个母细胞产生4个或8个似亲孢子;有些种类报道有性生殖为卵式生殖。

分布在湖泊、水库、池塘等各种静水水体中,真性浮游种类。

博恩微芒藻(图3.109)

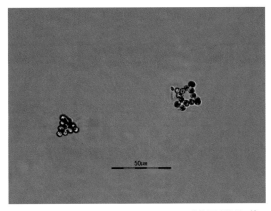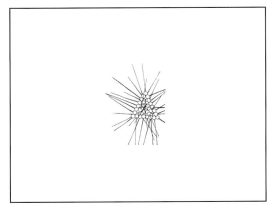

图 3.109　博恩微芒藻 *Micractinium bornhemiensis*

形态:群体三角锥形,常形成复合群体,由 16 个、32 个、64 个、128 个或 256 个细胞的倍数互相紧密贴靠排列形成;群体细胞为球形,细胞外侧具 1~3 条很长的刺,色素体呈杯状,1 个,无蛋白核。细胞直径为 3~9 μm,刺长 30~90 μm。

生境:生长在湖泊、池塘中的真性浮游种类。

3.7.24 集星藻属

真性定形群体,由 4 个、8 个或 16 个细胞组成,无群体胶被。群体细胞以一端在群体中心彼此连接,以细胞长轴从群体中心向外放射状排列,浮游;细胞为长纺锤形、长圆柱形,两端逐渐尖细或略狭窄,或一端平截另一端逐渐尖细或略狭窄,色素体周生,呈长片状,1 个,具 1 个蛋白核。

无性生殖产生似亲孢子,每个母细胞的原生质体形成 4 个、8 个或 16 个似亲孢子,孢子在母细胞内纵向排成 2 束,释放后形成 2 个互相接触的呈放射状排列的子群体。

集星藻(图 3.110)

图 3.110　集星藻 *Actinastrum hantzschii*

形态:真性定型群体,由 4 个、8 个或 16 个细胞组成,群体中的各个细胞的一端在群体中心彼此连接,以细胞长轴从群体共同的中心向外呈放射状排列;细胞为长圆柱状纺锤形,两端略狭窄。色素体周生,呈长片状,具 1 个蛋白核。细胞长 12~22 μm,宽 3~6 μm。

生境:生长在湖泊、池塘中,浮游。国内外普遍分布。

3.7.25 拟韦斯藻属

植物体为复合的真性定形群体,群体由 4 个细胞侧壁的中部依次紧密相连排成线状,各群体间以残存的母细胞壁相连成为复合的群体,无胶被;细胞为球形,细胞壁平滑,色素体周生,呈杯状,1 个,无蛋白核。

无性生殖产生似亲孢子。

线形拟韦斯藻(图3.111)

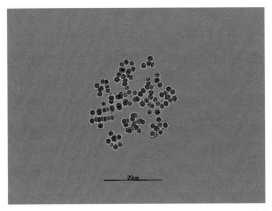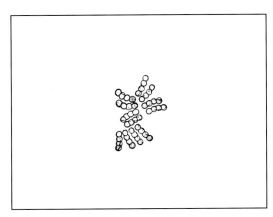

图 3.111 线形拟韦斯藻 *Westellopsis linearis*

形态:复合真性定形群体中的各群体间以残存的母细胞壁连接,群体由 4 个细胞的侧壁的中部依次紧密相连排成线状;细胞为球形,细胞壁平滑,色素体周生,呈杯状,1 个无蛋白核。细胞直径为 3~6 μm。

以似亲孢子营无性生殖。

生境:湖泊。

3.7.26 空星藻属

植物体为真性定形群体,由 4 个、8 个、16 个、32 个、64 个或 128 个细胞组成多孔的、中空的球体到多角形体,群体细胞以细胞壁或细胞壁上的突起彼此连接;细胞为球形、圆锥形、近六角形或截顶的角锥形,细胞壁平滑、部分增厚或具管状突起,色素体周生,幼时呈杯状,具一个蛋白核,成熟后扩散,几乎充满整个细胞。

无性生殖产生似亲孢子,群体中的任何细胞均可以形成似亲孢子,在离开母细胞前连接成子群体;有时细胞的原生质体不经分裂发育成静孢子,在释放前,在母细胞壁内就形成似亲群体。

生境:生长在各种静水水体中。

空星藻(图 3.112)

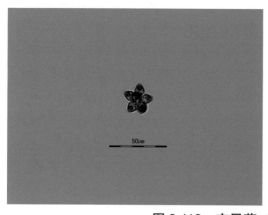

图 3.112 空星藻 *Coelastrum sphaericum*

形态:真性定形群体,卵形到圆锥形,由 8 个、16 个、32 个或 64 个细胞组成,相邻细胞间以其基部侧壁相互连接,群体中心的空隙等于或略小于细胞的宽度;细胞为圆锥形,以狭窄的圆锥端向外,无明显的细胞壁突起。细胞包括鞘宽 10~18 μm,不包括鞘宽 8~13 μm。

生境:湖泊、水库、池塘中的浮游种类。国内外广泛分布。

小空星藻(图 3.113)

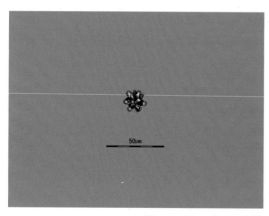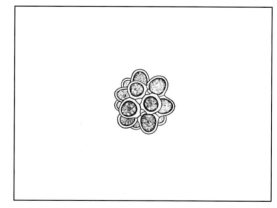

图 3.113 小空星藻 *Coelastrum microporum*

形态:真性定形群体,为球形到卵形,由 8 个、16 个、32 个或 64 个细胞组成,相邻细胞间以细胞基部互相连接,细胞间隙呈三角形并小于细胞直径;群体细胞球形,有时为卵形,细胞外具一层薄的胶鞘。细胞包括鞘宽 10~18 μm,不包括鞘宽 8~13 μm。

生境:湖泊、水库、池塘中的浮游种类。国内外广泛分布。

网状空星藻（图3.114）

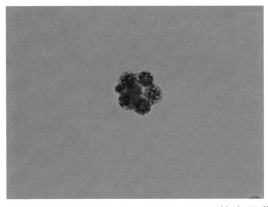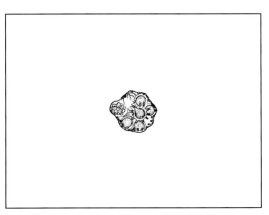

图 3.114　网状空星藻 *Coelastrum reticulatum*

形态：真性定形群体，为球形，由 8 个、16 个、32 个或 64 个细胞组成，相邻细胞间以 5~9 个细胞壁的长突起互相连接，细胞间隙大，常为不规则的复合群体；细胞为球形，具一层薄的胶鞘，并具 6~9 条细长的细胞壁突起。细胞包括鞘直径5~24 μm，不包括鞘直径 4~23 μm。

生境：湖泊、水库、池塘中的浮游种类。国内外广泛分布。

3.7.27　小箍藻属

植物体为单细胞或彼此粘连成小丛，浮游或有时为半气生；细胞为球形或近球形，细胞壁厚，具窝孔、小刺、网纹、颗粒、瘤、脊状突起等花纹，成熟细胞具 1 到数个盘状、板状的色素体，每个色素体具 1 个或多个蛋白核。

无性生殖产生 4 个、8 个或 16 个似亲孢子，孢子未释放前其壁不具花纹。生长在池塘、湖泊、沟渠中，常与其他藻类混生，数量稀少。

小箍藻（图3.115）

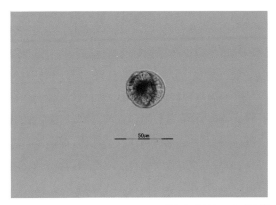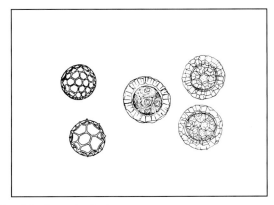

图 3.115　小箍藻 *Trochiscia reticularis*

形态:单细胞,浮游;细胞为球形,细胞壁厚,具向外凸出的脊,由脊构成网纹,网孔多角形,每个细胞的网孔在 70 个以上,色素体呈盘状,数个,每个色素体具 1 个蛋白核。细胞直径 27~47 μm。

生境:生长在池塘、湖泊、沟渠、沼泽中,常与其他藻类混生。

3.7.28　丝藻属

丝状体由单列细胞构成,长度不等,幼丝体由基细胞固着在基质上,基细胞简单或略分叉呈假根状;细胞呈圆柱状,有时略膨大,一般长大于宽,有时有横壁收缢;细胞壁一般为薄壁,有时为厚壁或略分层;少数种类具胶鞘。色素体 1 个,侧位或周位,部分或整个围绕细胞内壁,充满或不充满整个细胞,含 1 个或更多的蛋白核。

营养繁殖为丝状体断裂。无性生殖形成动孢子,除基细胞外所有细胞均能形成 2 个、4 个、8 个或更多个动孢子。动孢子分大小两种,均具 4 根鞭毛,少数具 2 根鞭毛的小动孢子;动孢子释放后经休眠或立即萌发成新丝状体。有些种也产生静孢子。有性生殖产生 2 根鞭毛的同形配子,为同配生殖。

本属有 25 种以上,除少数海水及咸水种类外,多生活在淡水中或潮湿的土壤或岩石表面,一般喜低温,夏天较少。中国已知有 20 种。

近缢丝藻(图 3.116)

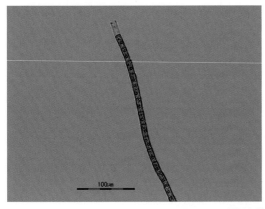 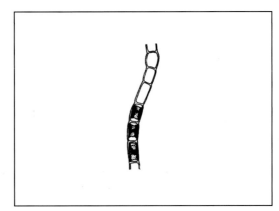

图 3.116　近缢丝藻 *Ulothrix subconstricta*

丝状体由圆柱形两端略膨大的细胞构成,横壁略收缢,长 10~16 μm,宽 4~8 μm;色素体呈片状,侧位,居细胞的中部,围绕周壁的 2/3,具 1 个蛋白核。

生境:水体中漂浮。

丝藻属一种 *Ulothrix* sp1.

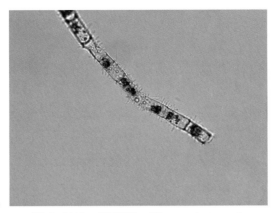

图 3.117　丝藻属一种 *Ulothrix* sp1.

丝藻属一种 *Ulothrix* sp2.

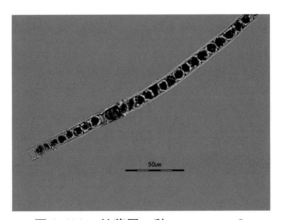

图 3.118　丝藻属一种 *Ulothrix* sp2.

丝藻属一种 *Ulothrix* sp3.

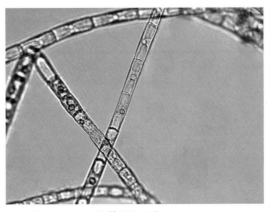

图 3.119　丝藻属一种 *Ulothrix* sp3.

3.7.29　筒藻属

植物体是由单列、有时部分多列的细胞组成的丝状体,幼时着生,成长后漂浮。细胞壁厚,有同心层理;色素体轴生,呈星状,充满细胞,中央具 1 个蛋白核。

以丝状体断裂进行营养繁殖;无性生殖形成具 2 根鞭毛的动孢子(极少有 4 根鞭毛);有性生殖为卵式生殖。

此属种类常在池塘和水沟中与其他丝状藻类混生,很少单独大量生长的。

筒藻(图 3.120)

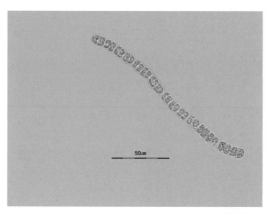 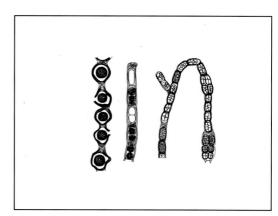

图 3.120　筒藻 *Cylindrocapsa geminella*

形态:植物体为不分枝的丝状体,幼时固着,稍后可自由漂浮;通常由以 2 个为一组的 1 列细胞构成,但由于细胞有时有纵分裂或斜分裂而使局部出现多列细胞甚至假薄壁组织状构造;细胞为圆柱形、近球形或长圆形,宽 14~25(~30)μm,长为宽的 1~2.5 倍;细胞壁薄,但较老的细胞壁较厚,无色、分层;横壁明显收缢;色素体轴生近星芒状,但常模糊不清,有 1 个中央的蛋白核。

生殖为卵式生殖,卵囊为球形或梨形,直径可达 50 μm;卵孢子为球形,厚壁;精子囊长 5~14 μm,宽 10~13 μm。

生境:广泛分布于世界各地,常与其他丝藻类混生。

3.7.30　转板藻属

藻丝不分枝,有时产生假根;营养细胞为圆柱形,其长度比宽度通常大 4 倍以上;细胞横壁平直;色素体轴生,呈板状,1 个,极少数 2 个,具多个蛋白核,排列成一行或散生;细胞核位于色素体中间的一侧。

生殖,由接合孢子进行,仅有时产生静孢子;或由静孢子进行,可能有时产生接合孢子,也可以产生厚壁孢子、单性孢子,其构造和色泽与接合孢子相同。接合孢子多数为梯形接合产生,罕为侧面接合,少数种类兼有两者产生,在形成接合孢子的过程中产生接合孢子囊,同时,两配子囊的内含物在接合孢子形成后,还有一部分细胞质遗留在原配子囊中,少数种类不产生接合孢子囊,而在形成接合孢子时,两配子囊的部分细胞形成包被接合孢子的膜样被膜;接合孢子位于接合管中,称为接合孢子与两个细胞相连,或位于接合管内的接合孢子伸展到两配子囊内,其接合孢子囊就与两个具有新增生隔壁的配子囊相连,称为接合孢子与四个细胞相连,或接合孢子仅伸展到其中的一个配子囊内,接合孢子囊与一个具有和一个不具有新增生隔壁的配子囊相连,称为接合孢子与三个细胞相连;接合孢子呈球形、椭圆形、卵形、四角形、六角形、短圆柱形等,侧扁或不侧扁,孢壁常为三层,少数四层,外孢壁常与孢子囊壁愈合而不易区分,中孢壁平滑或具花纹,成熟后多为黄色、黄褐色,少数为无色、橄榄色或蓝色;少数种类在接合孢子成熟后逐渐胶化成为厚而透明的胶被。

在全世界分布很广,已知 150 多种,其中我国发现有 61 种,生长在水坑、池塘、湖泊、水库、沼泽、稻田中。多数种类生殖期较长,多在早春和晚秋季节。接合孢子和静孢子成熟后常沉入水底。

微细转板藻(图 3.121)

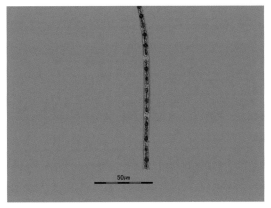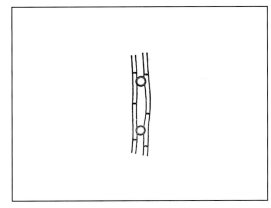

图 3.121 微细转板藻 *Mougeotia parvula*

形态:营养细胞长 29~153 μm,宽 6~13 μm,蛋白核 2~9 个,排成一列;梯形接合,配子囊直或略膝状弯曲;接合孢子囊不形成隔壁与孢子囊分隔,即接合孢子与 2 个细胞相连,接合孢子位于接合管中,为球形,有时近球形,直径为 14~29 μm;孢壁三层,中孢壁平滑,成熟后呈黄褐色。

生境:生长于水坑、池塘、湖泊沿岸带、静水河湾、溪流岩石上和稻田中。国内外广泛分布。在海拔 4 800~5 000 m 的西藏高原西部和北部也采到很多此种成熟的接合孢子。

3.7.31　新月藻属

植物体为单细胞,呈新月形,略弯曲或显著弯曲,少数平直,中部不凹入,腹部中间不膨大或膨大,顶部钝圆、平直圆形、喙状或逐渐尖细;横断面圆形;细胞壁平滑、具纵向的线纹、肋纹或纵向的颗粒,无色或因铁盐沉淀而呈淡褐色或褐色;每个半细胞具 1 个色素体,由 1 个或数个纵向脊片组成,蛋白核多数,纵向排成一列或不规则散生;细胞两端各具 1 个液泡,内含 1 个或多个结晶状体的运动颗粒:细胞核位于两色素体之间细胞的中部。

细胞每分裂一次,新形成的半细胞和母细胞中的半细胞间的细胞壁上常留下横线纹的缝线,其数目表示细胞分裂的次数。某些种类细胞分裂后产生的缝线也可在其他部位,其间的部分称为中间环带。此属根据有中间环带和无中间环带分为两类。

有性生殖为接合生殖,接合孢子位于两个配子囊之间。接合孢子具有多种形状。

此属以测量细胞两端的直线距离表示细胞的长度,细胞中部的直径表示细胞的宽度。除少数种类细胞平直外,多数种类的细胞略弯曲或显著弯曲,其弯曲度是鉴定种类的重要依据之一。

在种类的特征描述中,细胞分小、中等大小或大三种类型,这三种类型的细胞大小有一个幅度范围。中国的新月藻属的种类,细胞小的一般长 47~291 μm、宽 3~20 μm,中等大小的细胞一般长 114~465 μm、宽 15~59 μm,大的细胞一般长 298~987 μm、宽 30~112 μm。

纤细新月藻(图 3.122)

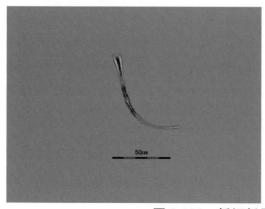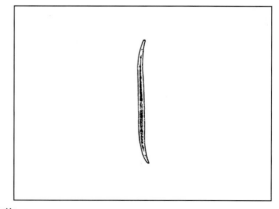

图 3.122　纤细新月藻 *Closterium gracile*

形态:细胞小、细长、呈线形,长为宽的 18~70 倍,细胞长度一半以上的两侧缘近平行,其后逐渐向两侧狭窄和背缘以 25°~35° 弓形弧度向腹缘弯曲,顶部钝圆;细胞壁平滑,为无色到淡黄色,具中间环带,有时不明显;色素体中轴具一纵列 4~7 个蛋白核,末端液泡具 1 个到数个运动颗粒。细胞长 211~784 μm,宽 6.5~18 μm;顶部宽 2~4 μm。

生境:在水藓沼泽和永久性沼泽中常常大量存在。除南极外的世界所有陆地均有分布。

3.7.32　角星鼓藻属

植物体为单细胞,一般长略大于宽(不包括刺或突起),绝大多数种类辐射对称,少数种类两侧对称;细胞侧扁,中间的缢缝将细胞分成两个半细胞,多数缢缝深凹,从内向外张开成锐角,有的为狭线形;半细胞正面观为半圆形、近圆形、椭圆形、圆柱形、近三角形、四角形、梯形、碗形、杯形、楔形等,细胞不包括突起的部分称"细胞体部",半细胞正面观的形状指半细胞体部的形状,许多种类半细胞顶角或侧角向水平方向、略向上或向下延长形成长度不等的突起,边缘一般为波形,具数轮齿,其顶端平或具 2 个到多个刺,有的种类突起基部长出较小的突起称"副突起";垂直面观多数为三角形到五角形,少数为圆形、椭圆形、六角形或多达十一角形;细胞壁平滑,具点纹、圆孔纹、颗粒及各种类型的刺和瘤;半细胞一般具 1 个轴生的色素体,中央具 1 个蛋白核,大的细胞具数个蛋白核,少数种类的色素体周生,具数个蛋白核。

接合孢子为球形或具多个角,通常具单一或叉状的刺。

此属大约有 1 200 种,多数生长在贫营养或中营养的、偏酸性的水体中,是鼓藻类中主要的浮游种类,许多种类半细胞的顶角或侧角延长形成各种长度的突起,细胞常被球形的胶质包被,特别是浮游的种类,因此适合浮游习性。

纤细角星鼓藻(图 **3.123**)

形态:细胞小或中等大小,形状变化很大,长约为宽的 1.5 倍(不包括突起),缢缝较深凹入,顶端尖或呈"U"形,向外张开成锐角;半细胞正面观近杯状,顶缘宽,略凸出或平直,具一列中间凹陷的小瘤或成对的小颗粒,在边缘瘤或小颗粒下的缘内具数纵行小颗粒,顶角斜向上或水平向延长形成细长的突起,具数轮小齿,突起边缘为波形,末端具 3~4 个刺;垂直面观为三角形,少数为四角形,侧缘平直,少数略凹入,缘内具数列小颗粒,有时成对。细胞长 27~60 μm,宽(包括突起)44~110 μm,缢部宽 5.5~13 μm。

生境:生长在池塘、湖泊和沼泽中,浮游。国内外一般性分布的种类。

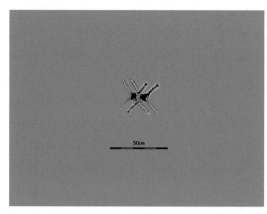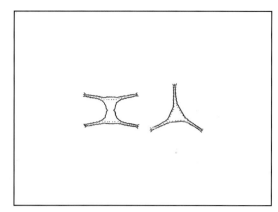

图 3.123　纤细角星鼓藻 *Staurastrum gracile*

3.7.33　鼓藻属

植物体为单细胞,细胞大小变化很大,侧扁,缢缝常深凹入,呈狭线形或张开;半细胞正面观为近圆形、半圆形、椭圆形、卵形、梯形、长方形、方形、截顶角锥形等,顶缘圆,平直或平直圆形,半细胞边缘平滑或具波形、颗粒、齿,半细胞中部有或无膨大或拱形隆起;半细胞侧面观绝大多数呈椭圆形或卵形;垂直面观椭圆形或卵形;细胞壁平滑、具点纹、圆孔纹、小孔、齿、瘤或具一定方式排列的颗粒、乳头状突起等;色素体轴生或周生,每个半细胞具 1 个、2 个或 4 个(极少数具 8个),每个色素体具 1 个或数个蛋白核,有的种类具周生的带状的色素体(具 6~8条),每条色素体具数个蛋白核;细胞核位于两个半细胞之间的缢部。

营养繁殖:为细胞分裂,在细胞中间狭的缢部分开。缢部的延长和隔片的生长使细胞分成两半,从每个原有的半细胞再长出一个与原有半细胞相同的新的半细胞。

无性生殖和有性生殖在少数种类中有报道。有性生殖产生接合孢子,绝大多数种类为异配,接合孢子壁平滑或具乳头状突起、单一或双叉刺等纹饰。

鼓藻属的种类主要生长于偏酸性的、贫营养的软水水体中,有的生长在中性或偏碱性的水体中,少数在 pH 值较高的碱性水体中,较少生长在富营养的水体中。在水坑、池塘、湖泊、水库、河流的沿岸带和沼泽等生境中存在,少数种类亚气生。

许多种类是世界性分布的,有的种类为局限性分布,少数为地域性的特有种类。一般来说,生长在温暖地区的种类比生长在寒冷地区的种类的个体较大些,并且纹饰也较为复杂。

在种类的描述中,细胞分小、中等大小或大三种类型,这三种类型的细胞大小有一个幅度范围。中国的鼓藻属的种类,细胞小的一般长 12~30 μm、宽 10~20 μm,中等大小的细胞一般长 40~60 μm、宽 30~40 μm,大的细胞一般长 70~190 μm、宽 40~80 μm。

鼓藻属是鼓藻类中种类最多的 1 个属,世界上已报道 1 200 多种和数百个变种。

钝鼓藻(图 3.124)

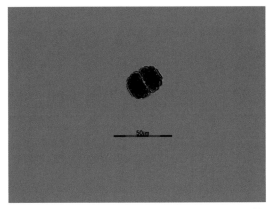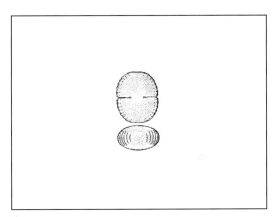

图 3.124　钝鼓藻 *Cosmarium obtusatum*

形态:细胞中等大小到达,长约为宽的 1.2 倍,缢缝深凹,狭线形,从中间向外张开;半细胞正面观为截顶的角锥形,顶缘截圆,侧缘凸出,约具 8 个波纹,缘内具 2 列明显的颗粒,基角略圆;半细胞侧面观为广椭圆形;垂直面观为 1 长圆到椭圆形,厚和宽的比例约为 1∶2,侧缘波形,缘内具 4~5 列近平的波纹;细胞壁具粗点纹;半细胞具 1 个轴生的色素体,具 2 个蛋白核。细胞长 44.5~80 μm,宽 39.5~65 μm,缢部宽 12.5~23 μm,厚 22~37 μm。接合孢子球形,孢壁具许多圆锥形的突起。直径 67~69 μm,圆锥形的突起长 8~9 μm。

生境:生长在贫营养到富营养的、酸性到碱性(pH 值为 4.5~18.6)的稻田、池塘、湖泊、水库和沼泽中兼性浮游或附着于其他的基质上。国内外广泛分布。

光滑鼓藻(图 3.125)

形态:细胞小,长约为宽的 1.5 倍,缢缝深凹,呈狭线形,顶部略膨大;半细胞正面观为半椭圆形或近 2/3 椭圆形,顶缘狭、平直或略凹入,基角略圆或圆;半细胞侧面观为卵形到椭圆形;垂直面观为椭圆形,厚与宽比例为 1∶1.5;细胞壁具精致的、有时为稀疏的穿孔纹到圆孔纹。细胞长 15~42 μm,宽 11.5~31 μm,缢部宽 3~9 μm,厚 8~20 μm。

89

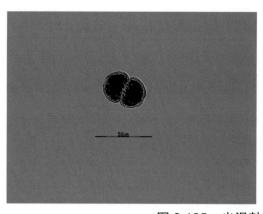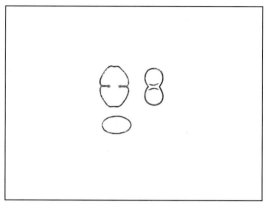

图 3.125　光滑鼓藻 Cosmarium laeve

　　生境:适宜性广和喜钙的种类,生长在贫营养到富营养的、偏酸性到碱性的水体中, pH 值为 5.4~9.4,在稻田、池塘、湖泊、水库和沼泽中浮游或附着于其他的基质上,有时亚气生。国内外广泛分布。

短鼓藻(图 3.126)

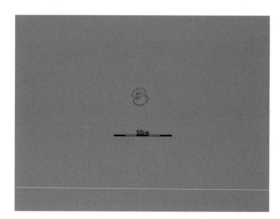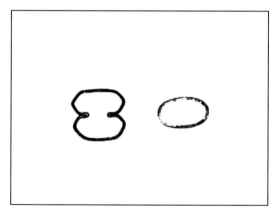

图 3.126　短鼓藻 *Cosmarium abbreviatum*

　　形态:细胞小,长约等于或略小于宽,缢缝深凹,狭线形,顶端略膨大。半细胞正面观横长六角形到横角状卵形,顶缘宽、平截,直或略凹入,下部侧缘逐渐斜向扩大到半细胞的中部,上部侧缘逐渐向顶部辐合,中部的侧角略圆和有时略凸出;半细胞侧面观为宽卵形到近圆形;垂直面观为狭椭圆形,厚与宽的比例约为1 : 2。细胞宽 13~22 μm,长 12.5~22 μm,缢部宽 5~7 μm,厚 7~9.5 μm。

　　生境:生长在水坑、池塘、湖泊、水库和沼泽中。国内外广泛分布。

3.7.34　棘接鼓藻属

　　植物体为不分枝的丝状体,通常缠绕,有时具胶被;细胞小,侧扁,缢缝深凹,呈狭线形或从内向外张开;半细胞正面观横椭圆形或横肾形,顶部具 2 个前后交错排列的、较长的头状突起伸入相邻细胞的顶部互相插入,彼此连成丝状体,有时侧缘具粗刺;半细胞侧面观为圆形;垂直面观为椭圆形;细胞壁平滑;半细胞具 1 个轴生的色素体,其中央具 1 个蛋白核。

丝状棘接鼓藻（图 3.127 ）

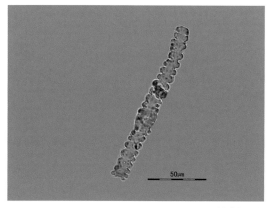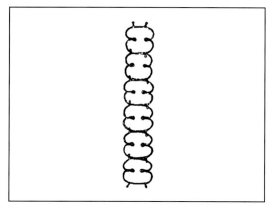

图 3.127　丝状棘接鼓藻 *Onychonema filiforme*

形态:藻丝长,常缠绕;细胞小,长约等于宽,缢缝深凹,为狭线形;半细胞正面观为横椭圆形或近肾形,顶缘广圆形,每 1 个顶角具 1 个较长的头状突起,并深入相邻细胞的顶部互相插入,彼此连成不分枝的丝状体,1 个顶角的较长的头状突起与另 1 个顶角较长的头状突起交错排列,在半细胞的正面观仅看到 1 个较长的头状突起。细胞长 9~12.5 μm,宽 10~15 μm,缢部宽 3.5~4 μm,厚 5~7 μm。

生境:生长在有泥炭藓及其他藓类的沼泽及水坑、池塘、湖泊沿岸带等水体中,pH 值为 5.5~8.8。广泛分布。

致　　谢

非常感谢海河流域水资源保护局林超、郭勇、朱龙基、徐宁及其他领导在调查研究中提供的支持与帮助,感谢海河流域水环境监测中心各位同事在实验分析中给予无私的帮助。

同时感谢引滦工程管理局的韩守亮、王少明、刘宝艳、暴柱、翟卫东、杜伟、刑海燕、吕艳、佟玲等同志在浮游植物样品采集中提供的支持及帮助。

参考文献

[1] 况琪军,夏宜琤.太平湖水库的浮游藻类与营养型评价 [J].应用生态学报,1992(2):165-168.

[2] KAMENIR Y Z,DUBINSKY T Z,ZOHARY T. Phytoplankton size structure stability in a mesoeutrophic subtropical lake [J].Hydrobiologia,2004(520):89-104.

[3] 陶益,孔繁翔,曹焕生,等.太湖底泥水华蓝藻复苏的模拟 [J].湖泊科学,2005,17(3):231-236.

[4] 蔡金傍,李文奇,逄勇,等.洋河水库水质主成分分析 [J].中国环境监测,2007,23(2):62-65.

[5] 徐宏宇.潘家口水库的作用 [J].中国水利,1989(1):19.

[6] 王少明,韩守亮,郭勇,等.引滦水资源可持续利用与保护 [J].天津大学学报,2008,41(S1):99-103.

[7] JOSEPH D,LIN C,Luo Y,et al.Eutrophication study at the Panjiakou-Daheiting Reservoir system,northern Hebei Province,People's Republic of China:Chlorophyll-a model and sources of phosphorus and nitrogen[J].Agricultural Water Management,2007(94):43-53.

[8] 闫思宇,郑佳洵.潘大水库清理网箱养鱼改善水质初见成效 [EB/OL].http://www.hebei.gov.cn/hebei/11937442/10761139/14354567/index.html,2018-08-03.

[9] 王佰梅,王潜,张睿昊.网箱养鱼清理对潘大水库水质影响分析 [J].海河水利,2017(5):14-15,26.

[10]翟卫东,王少明.潘家口、大黑汀水库水源地保护探讨 [J].水利技术监督,2018（ 6):15-17,51.

[11]水利部海委引滦工程管理局.潘家口、大黑汀水库水质管理规划报告 [R].天津:水利部海河水利委员会,1989.

[12]王新华,纪炳纯,李明德,等.引滦工程上游浮游植物及其水质评价 [J].环境科学研究,2004,17(4):18-24.

[13]周绪申,林超,罗阳.滦河水库系统浮游植物时空变化特征研究 [J].农业环境科学学报,2010,29(10):1884-1991.

[14]JOHN D,ROBERT G. Freshwater algae of North America:ecology and classifica-

tion[M]. Boston：Academic Press，Amsterdam；2003.

[15]胡鸿钧,魏印心. 中国淡水藻类：系统、分类及生态 [M]. 北京：科学出版社，2006.

[16]国家环保局《水生生物监测手册》编委会. 水生生物监测手册 [M]. 南京：东南大学出版社,1993.

[17]韩茂森,束蕴芳. 中国淡水生物图谱 [M]. 北京：海洋出版社,1995.

[18]KRISTIANSEN J，PREISIG H R. Encyclopedia of chrysophyte genera.Bibliotheca Phycologica[J]. 2001（110）：1-260.

附　　表

潘家口—大黑汀水库常见浮游植物

门类	属类	种名	拉丁名
蓝藻门 Cyanophyta	微囊藻属	绿色微囊藻	*Microcystis viridis*
		鱼害微囊藻	*Microcystis ichthyoblabe*
		边缘微囊藻	*Microcystis marginata*
		不定微囊藻	*Microcystis incerta*
		挪氏微囊藻	*Microcystis novacekii*
	色球藻属	小型色球藻	*Chroococcus minor*
		微小色球藻	*Chroococcus minutus*
	束球藻属	束球藻	*Gomphosphaeria semen-vitis*
	平裂藻属	细小平裂藻	*Merismopedia minima*
		微小平裂藻	*Merismopedia tenuissima*
		点形平裂藻	*Merismopedia punctata*
	异球藻属	胶壁异球藻	*Xenococcus kerneri*
	欧氏藻属	密孢欧氏藻	*Woronichinia compacta*
	小尖头藻属	弯形小尖头藻	*Raphidiopsis curvata*
	柱孢藻属	藓生柱孢藻	*Cylindrospermum muscicola*
	拟柱胞藻属	纳氏拟柱胞藻	*Cylindrospermopsis raciborskii*
	短螺藻属	短螺藻	*Romeria leopoliensis*
	泽丝藻属	莱德基泽丝藻	*Limnothrix redekei*
	束丝藻属	水华束丝藻	*Aphanizomenon flos-aquae*
	鱼腥藻属	鱼腥藻属一种	*Anabaena* sp1.
		鱼腥藻属一种	*Anabaena* sp2.
	项圈藻属	阿氏项圈藻	*Anabaenopsis arnoldii*
	假鱼腥藻属	洋假鱼腥藻	*Pseudanabaena galeata*
		湖生假鱼腥藻	*Pseudanabaena limnetica*
	螺旋藻属	诺迪氏螺旋藻	*Spirulina nordstedtii*
		宽松螺旋藻	*Glaucospira laxissima*
	颤藻属	小颤藻	*Oscillatoria tenuis*
		拟短形颤藻	*Oscillatoria subbrevis*
		颤藻属一种	*Oscillatoria* sp1.
		颤藻属一种	*Oscillatoria* sp2.

门类	属类	种名	拉丁名
隐藻门 Cryptophyta	隐藻属	卵形隐藻	*Cryptomonas ovata*
		啮蚀隐藻	*Cryptomonas erosa*
	蓝隐藻属	尖尾蓝隐藻	*Chroomonas acuta*
甲藻门 Pyrrophyta	多甲藻属	微小多甲藻	*Peridinium pusillum*
	拟多甲藻属	挨尔拟多甲藻	*Peridiniopsis elpatiewskyi*
甲藻门 Pyrrophyta	拟多甲藻属	坎宁顿拟多甲藻	*Peridiniopsis cunningtonii*
	角甲藻属	飞燕角甲藻	*Ceratium hirundinella*
金藻门 Chrysophyta	锥囊藻属	密集锥囊藻	*Dinobryon sertularia*
		圆筒锥囊藻	*Dinobryon cylindricum*
硅藻门 Bacillariophyta	直链藻属	颗粒直链藻	*Melosira granulate*
		颗粒直链藻极狭变种螺旋变型	*Melosira granulate* var. *angustissima* f. *spiralis*
		变异直链藻	*Melosira varians*
	小环藻属	小环藻属一种	*Cyclotella* sp1.
		小环藻属一种	*Cyclotella* sp2.
		小环藻属一种	*Cyclotella* sp3.
		小环藻属一种	*Cyclotella* sp4.
	脆杆藻属	中型脆杆藻	*Fragilaria intermedia*
		钝脆杆藻	*Fragilaria capucina*
		克罗顿脆杆藻	*Fragilaria crotonensis*
		脆杆藻	*Fragilaria* sp.
	针杆藻属	尖针杆藻	*Synedra acus*
		肘状针杆藻	*Synedra ulna*
		美小针杆藻	*Synedra pulchella*
	星杆藻属	华丽星杆藻	*Asterionella formosa*
	布纹藻属	尖布纹藻	*Gyrosigma acuminatum*
	舟形藻属	舟形藻属一种	*Navicula* sp1.
		舟形藻属一种	*Navicula* sp2.
		舟形藻属一种	*Navicula* sp3.
	双眉藻属	卵圆双眉藻	*Amphora ovalis*
	桥弯藻属	桥弯藻	*Cymbella* sp.
	曲壳藻属	曲壳藻	*Achnanthes* sp.
	卵形藻属	扁圆卵形藻	*Cocconeis placentula*
		卵形藻	*Cocconeis* sp.
	菱形藻属	谷皮菱形藻	*Nitzschia palea*
		拟螺形菱形藻	*Nitzschia sigmoidea*
	波缘藻属	草鞋形波缘藻	*Cymatopleura solea*

门类	属类	种名	拉丁名
裸藻门 *Euglenophyta*	裸藻属	裸藻属一种	*Euglena* sp1.
		裸藻属一种	*Euglena* sp2.
绿藻门 *Chlorophyta*	衣藻属	不对称衣藻	*Chlamydomonas asymmetrica*
		小球衣藻	*Chlamydomonas microsphaera*
	四鞭藻属	复线四鞭藻	*Carteria multifilis*
	球粒藻属	球粒藻	*Coccomonas orbicularis*
绿藻门 *Chlorophyta*	盘藻属	盘藻	*Gonium pectorale*
	实球藻属	实球藻	*Pandorina morum*
	空球藻属	空球藻	*Eudorina elegans*
	团藻属	非洲团藻	*Volvox africanus*
	球囊藻属	球囊藻	*Sphaerocystis schroeteri*
	多芒藻属	多芒藻	*Golenkinia radiate*
		疏刺多芒藻	*Golenkinia paucispina*
	小桩藻属	近直立小桩藻	*Characium substrictum*
	顶棘藻属	纤毛顶棘藻	*Chodatella ciliata*
		四刺顶棘藻	*Chodatella quadriseta*
	四角藻属	微小四角藻	*Tetraedron minimum*
	蹄形藻属	肥壮蹄形藻	*Kirchneriella obesa*
	纤维藻属	狭形纤维藻	*Ankistrodesmus angustus*
		镰形纤维藻	*Ankistrodesmus falcatus*
	卵囊藻属	湖生卵囊藻	*Oocystis lacustris*
		波吉卵囊藻	*Oocystisborgei*
		卵囊藻	*Oocystis* sp.
	肾形藻属	肾形藻	*Nephrocytium agardhianum*
	盘星藻属	单角盘星藻	*Pediastrum simplex*
		单角盘星藻具孔变种	*Pediastrum simplex* var. *duodenarium*
		整齐盘星藻	*Pediastrum integrum*
		二角盘星藻纤细变种	*Pediastrum duplex* var. *gracillimum*
		短棘盘星藻	*Pediastrum boryanum*
		四角盘星藻	*Pediastrum tetras*
	十字藻属	十字藻	*Crucigenia fenestrate*

门类	属类	种名	拉丁名
绿藻门 Chlorophyta	栅藻属	双对栅藻	Scenedesmus bijuga
		尖细栅藻	Scenedesmus acuminatus
		斜生栅藻	Scenedesmus obliquus
		扁盘栅藻	Scenedesmus platydiscus
		四尾栅藻	Scenedesmus quadricanda
		多棘栅藻	Scenedesmus spinosus
		双棘栅藻	Scenedesmus bicaudatus
		二形栅藻	Scenedesmus dimorphus
		栅藻	Scenedesmus sp.
	韦斯藻属	丛球韦斯藻	Westella botryoides
	四豆藻属	简单四豆藻	Tetrabaena socialis
	四星藻属	四星藻	Tetrastrum sp.
	微芒藻属	博恩微芒藻	Micractinium bornhemiensis
绿藻门 Chlorophyta	集星藻属	集星藻	Actinastrum hantzschii
	拟韦斯藻属	线形拟韦斯藻	Westellopsis linearis
	空星藻属	空星藻	Coelastrum sphaericum
		小空星藻	Coelastrum microporum
		网状空星藻	Coelastrum reticulatum
	小箍藻属	小箍藻	Trochiscia reticularis
	丝藻属	近缢丝藻	Ulothrix subconstricta
		丝藻属一种	Ulothrix sp1.
		丝藻属一种	Ulothrix sp2.
		丝藻属一种	Ulothrix sp3.
	筒藻属	筒藻	Cylindrocapsa geminella
	转板藻属	微细转板藻	Mougeotia parvula
	新月藻属	纤细新月藻	Closterium gracile
	角星鼓藻属	纤细角星鼓藻	Staurastrum gracile
	鼓藻属	钝鼓藻	Cosmarium obtusatum
		光滑鼓藻	Cosmarium laeve
		短鼓藻	Cosmarium abbreviatum
	棘接鼓藻属	丝状棘接鼓藻	Onychonema filiforme